·四川大学精品立项教材·

工程与传媒数字化创新应用

GONGCHENG YU CHUANMEI SHUZIHUA CHUANGXIN YINGYONG

主　编　李天翼
副主编　蒋正茂　许晨伟　刘　悦
　　　　凌　欣　胡西尧　张小静

四川大学出版社

项目策划：蒋　玙
责任编辑：胡晓燕
责任校对：王　锋
封面设计：墨创文化
责任印制：王　炜

图书在版编目（CIP）数据

工程与传媒数字化创新应用 / 李天翼主编．— 成都：
四川大学出版社，2019.1
　　ISBN 978-7-5690-2755-6

　　Ⅰ．①工…　Ⅱ．①李…　Ⅲ．①工程设计－计算机辅助
设计－应用软件　Ⅳ．① TB21-39

　　中国版本图书馆 CIP 数据核字（2019）第 015899 号

书名　工程与传媒数字化创新应用

主　　编	李天翼
出　　版	四川大学出版社
地　　址	成都市一环路南一段 24 号（610065）
发　　行	四川大学出版社
书　　号	ISBN 978-7-5690-2755-6
印前制作	四川胜翔数码印务设计有限公司
印　　刷	成都金龙印务有限责任公司
成品尺寸	185mm×260mm
印　　张	11
字　　数	263 千字
版　　次	2019 年 8 月第 1 版
印　　次	2019 年 8 月第 1 次印刷
定　　价	52.00 元

扫码加入读者圈

◆ 读者邮购本书，请与本社发行科联系。
　电话：(028)85408408/(028)85401670/
　(028)86408023　邮政编码：610065
◆ 本社图书如有印装质量问题，请寄回出版社调换。
◆ 网址：http://press.scu.edu.cn

四川大学出版社
微信公众号

前　　言

当今社会和用人单位对大学毕业生综合素质能力的要求越来越高。一件作品，从最初的构思设计，到后期的渲染加工和艺术创作，再到最终的网上发布，通常需要涉及多种专业知识和软件的综合运用，包括工程设计和传媒设计两个方面。为适应社会的需求，培养学生综合运用多门知识进行创新设计和应用开发的能力，我们编写了本书。

本书对涉及工程类和传媒类的多个软件及相关知识进行了有机整合，介绍如何通过综合运用这些软件和知识，设计创作出实用的作品。这些软件包括 AutoCAD、SolidWorks、Inventor、Photoshop、Flash、Dreamweaver、MyEclipse 以及 MySQL 等。全书在对相关知识进行概要介绍后，通过四个综合的案例（包括机械产品的动画展示、二维建筑图形的设计与平面图像处理、产品三维参数化建模与图像处理，以及玩具设计产品在互联网上的宣传应用），循序渐进地引导读者掌握综合运用这些知识的能力。

本书能满足国内不同高校工程技术类和传媒设计类专业的教师用以提高学生综合素质的教学需求，也可供相关领域的设计人员参考。

本书是编写组人员集多年的教学实践和教学经验编写而成的。第 1 章由胡西尧和张小静编写，第 2 章由蒋正茂编写，第 3 章由凌欣和刘悦编写，第 4 章由许晨伟编写，第 5 章由李天翼编写。全书由李天翼统稿，胡西尧整理。

本书的出版得到了四川大学 2017 年立项教材建设项目的资助。在编写过程中，本书参考了相关的专业书籍和编写组人员平时所采用的教材，在此一并表示感谢。

由于编者水平所限，书中不当之处在所难免，恳请广大读者朋友批评指正。

编　者

2018 年 4 月

目　　录

第1章 概 论

1.1 课程背景

1.1.1 工程与传媒类软件技术的现状

近年来，随着互联网技术和移动设备的飞速发展，工程与传媒这两大传统专业也越来越多地受其影响。无论是计算机设计还是数字传媒，其与计算机和网络已密不可分。而诸如工业设计、室内设计、平面设计、动漫制作、游戏开发、传媒娱乐等行业的工作，皆已必须依赖各类专业的计算机软件才能完成。在这些行业中，较为主流、应用广泛的软件主要是 Autodesk、Adobe 以及 Dassault 等大公司旗下的一系列软件，如工程设计类的 AutoCAD、SolidWorks、Inventor，平面与传媒类的 Photoshop、Flash、Illustrator、Dreamweaver 等。还有一些软件在某些专业领域已经成为不可或缺的必要工具，诸如摄影领域的 Lightroom、影视后期制作领域的 Smoke 等。

虽然 CAD/CAM/CAE 等学科与三维动画/平面设计/工业设计等学科的侧重点有所不同，但是在如今的信息时代，工程设计与创意设计相关领域都发生了许多重大变革，两大领域之间的界限也变得越来越模糊，相关软件也越来越标准化。从初期设计构思到后期加工渲染，再到最终的网上发布，都可以通过一个或者几个软件轻松实现。因此，熟练掌握相关软件，熟悉"设计—加工—发布"这一系列数字化处理流程，成为现代社会对相关人才的最基本要求。

1.1.2 数字化在行业应用中的发展

随着数字化设计软件集成的功能越来越丰富、各类辅助插件的针对性越来越强、表现形式和手法越来越多样，数字化技术已经完成了从二维、单帧、静态图像向三维、实时、动态模型发展的进化，并且表现出朝着全息影像和虚拟现实方面发展的趋势。

当前各大公司纷纷推出最新的头戴式虚拟现实显示设备，其中最具代表性的有谷歌公司开发的 Google Glass、2014 年被 Facebook 收购的 Oculus VR 公司开发的 Oculus Rift 以及微软发布的 Hololens。这些前沿设备虽然在应用前景和侧重点上各有不同，但可以肯定的是，它们都代表了未来数字化图像表现技术的发展方向。而从二维草图到三维模型，再到虚拟现实的全息图像，创作和设计的工具越来越丰富，流程越来越冗长，技术也越来越复杂，因此，对人才的需求也越来越高。

1.1.3 工程与传媒相结合的企业实例

现代的工程学与传媒学相结合的领域，通常意义上是属于计算机图形学的范畴。而在实际应用中，与之结合最紧密的两个专业则是工业设计与广告设计。在这些相关行业工作的设计师，不仅要具备相当专业的计算机辅助设计知识，还要兼具很高的艺术修养。同时，在这个言必称互联网思维的时代，作为相关产业的精英们，还需要掌握营销的手段。一个好的设计，如果不能被很好地展示和推广出去，不能广为人知的话，纵使这个设计本身再优秀，也不一定会成功。

进入21世纪以来，说起在设计和营销上最成功的企业，一定是美国的苹果公司。史蒂夫·乔布斯和他的苹果公司其实本不该获得如此成功，因为他忽略了业内通行的商业实践而涉足各种不同的市场。但也正因为其大胆创新并且敢于踏足本不属于自己传统业务范围的市场，反而一次又一次地拯救了苹果公司。在 Mac 与 PC 系统的争论中，PC 系统研发者直至 20 世纪 90 年代末一直占据着压倒性优势。但是如今苹果凭借 iMac、MacBook、iTunes、iPod、iPhone 和 iPad 等一系列产品，不仅创造了丰厚无比的利润，更开创了一个崭新的市场，成为集时尚、功能与品质之大成的象征。

苹果的成功在于很好地实现了客户体验、商业模式和技术三者之间的平衡，并努力在数字化、网络信息化的商业经营中挖掘商机。苹果没有像其他竞争者那样为一个设备配备尽可能多的功能。其技术和功能是以客户需求为中心设置的，尽可能让客户更容易地掌握苹果产品，并致力于产品的某些功能的完美化，再加上优秀的工业设计，从而创造出一些超出客户期望的全新产品，使人们感受到苹果产品本身的某些内涵——简约、便捷、人性、乐趣、品质、时尚。即使是初次使用苹果产品的人，也往往会拥有超乎寻常的用户体验。因此，消费者乐意付出额外的费用。而这一切的核心竞争力，便是源自杰出的设计与天才般的营销，以及永不妥协的创新精神。例如 iPhone 手机，几乎每一次更新换代，都能引发大家的关注，并且成为其他厂家争相模仿和学习的对象。

在 2010 年年初，中国也诞生了一个富有创新精神的科技公司，那就是小米。说小米创新，可能很多人不以为然。但是反过来说，任何一个产业，甚至一个国家的工业，在发展的初期，都是从模仿其他先进对象开始的。小米的起步，虽然脱不开模仿，但是能够做到一鸣惊人，确实不一般。

其实小米确实成功于模仿，不单单是产品设计上的模仿，在营销宣传上，也借鉴了苹果的模式。但是小米的模仿又不光是简单的"山寨"，而是充分体现了自身的特色与实力。小米的各位联合创始人都具备国际、国内一流企业平均超 15 年的从业经验，这让小米从一开始就能以"为发烧而生"为口号，因为从一开始小米就有这个底气和实力。

而小米的营销模式也很清晰，首先依托于互联网，开设了自己的 BBS，并且广泛利

用各种互联网工具来招揽爱好者。在论坛上，大家可以免费下载试用小米自己定制的
MIUI 操作系统，并且提出改进意见。这样，通过米聊和 MIUI 这些软件，小米拥有了
第一批自己的忠实用户，粉丝效应逐渐扩大。在起步阶段，营销理念还不是小米制胜的
关键，优秀的软件产品与正确的营销手段的结合才是积累用户的关键因素。

1.2 培养工程与传媒数字化综合应用人才的目的

1.2.1 当前企业的需求

现代行业竞争激烈，企业往往采用敏捷化项目制的管理方法。对人才的需求，也倾
向于以下三种类型。

（1）实用型。现代企业注重效率，项目开发周期短，对人才的培养更倾向于在项目
的实施中进行。这就使企业在招聘时往往倾向于选择有良好基础，可以直接投入项目开
发的实用型人才。因此，培养出实用型人才，使其掌握基础技能与工具的使用，了解一
种项目的实施流程，自然成为高校人才培养的目的。

（2）复合型。现代企业开发流程逐渐复杂化，对于产品的要求也越来越高。产品不
仅要满足功能性的要求，也要符合市场的需求。因此，对于员工的技能，也往往要求多
样，不仅技术过硬，还要有一定的艺术修养等。而高校在人才培养的过程中，在多学科
混合培养上，还有一些欠缺。因此，需要增开多学科交叉的混合培养课程，才能更好地
满足社会对复合型人才的需求。

（3）创新型。中国的制造业正在转型，生产的方向从劳动密集型产业逐渐转向创造
性强的产业。而创新正是新的设计与制造产业所必需的。在脱离了低端制造与模仿以
后，中国未来的产业核心竞争力就在创新上。因此，高校要在教学中融入创新思维的培
养，激发学生的创造性，在创新上打好基础，这在当前显得尤为重要。

1.2.2 面向的培养对象及培养方法

本课程由于涉及多学科内容交叉，面向的培养对象应该是在相关专业方面具有一定
知识积累的学生。培养对象主要分为以下三种类型。

（1）具有工业设计与工程制造等学科基础的学生，了解并熟悉相关设计软件的使
用，有一定的计算机辅助设计能力。

（2）具有传媒学基础或美工基础的学生，有一定的绘画与创作功底，熟悉相关软件
的使用，对设计类软件有一定了解。

（3）具备工程与传媒相关专业知识，有一定开发能力的学生。

以上三类学生，都要求具有一定的相关专业基础。因为本课程涉及多个学科、多种
软件技术，如果缺乏相应的知识技能基础，无论从课时出发还是从实际出发都不可能达
到目标。本课程的培养方法主要是通过讲解相关的实例，展现一个项目的开发流程，即

"设计—实施—展示"的过程。因此，如果学生缺乏相关基础知识，应当先选择性地学习其他相应课程，满足以上三个条件之一，再进行本课程的学习。

1.2.3 需要达到的目标

通过在课堂上对案例的展示与分析，本课程希望让学生了解工程与传媒相结合的数字化开发流程，并激发学生的创新思维，让他们对未来将要从事的行业有一个大致的了解，从而确定自己努力的方向。并且该课程让学生在日常操作中继续熟练掌握工程与传媒类软件的综合创新应用，做到培养学生的工程思维和人文意识，彰显现代大学生的优势；顺应社会的需要，拓展学生的思路及眼界，提升学生的学习兴趣，让其能适应今后各领域的工作要求。

1.3 常见工程与传媒类软件介绍

1.3.1 二维工程制图软件——AutoCAD

AutoCAD（Auto Computer Aided Design）是美国 Autodesk 公司于 1982 年开发的自动计算机辅助设计软件，用于二维绘图、详细绘制、设计文档和基本三维设计。现已成为国际上广为流行的绘图工具。AutoCAD 具有良好的用户界面，通过交互菜单或命令行方式便可以进行各种操作。它的多文档设计环境，让非计算机专业人员也能很快地学会使用，在不断实践的过程中更好地掌握它的各种应用和开发技巧，从而不断提高工作效率。AutoCAD 具有广泛的适应性，它可以在各种操作系统支持的微型计算机和工作站上运行，并支持分辨率由 320×200 到 3840×2160 的各种图形显示设备，以及 30 多种数字仪和鼠标器，数十种绘图仪和打印机。这些为 AutoCAD 的普及创造了条件。

1. AutoCAD 的基本功能

平面绘图：能以多种方式创建直线、圆、椭圆、多边形、样条曲线等基本图形对象。

绘图辅助工具：提供了正交、对象捕捉、极轴追踪、捕捉追踪等绘图辅助工具。正交功能使用户可以很方便地绘制水平、竖直直线，对象捕捉可帮助拾取几何对象上的特殊点，而追踪功能使画斜线及沿不同方向定位点变得更加容易。

编辑图形：提供了强大的编辑功能，可以移动、复制、旋转、阵列、拉伸、延长、修剪、缩放对象等。

标注尺寸：可以创建多种类型的尺寸，标注外观可以自行设定。

书写文字：能轻易地在图形的任何位置沿任何方向书写文字，可设定文字字体、倾斜角度及宽度缩放比例等属性。

图层管理功能：图形对象都位于某一图层上，可设定图层颜色、线型、线宽等特性。

三维绘图：可创建 3D 实体及表面模型，能对实体本身进行编辑。

网络功能：可将图形发布在网络上，或是通过网络访问 AutoCAD 资源。

数据交换：AutoCAD 提供了多种图形图像数据交换格式及相应命令。

二次开发：AutoCAD 允许用户定制菜单和工具栏，并能利用内嵌语言 AutoLISP、VisualLISP、VBA、ADS、ARX 等进行二次开发。

2. AutoCAD 的特点

（1）具有完善的图形绘制功能。

（2）有强大的图形编辑功能。

（3）可以采用多种方式进行二次开发或用户定制。

（4）可以进行多种图形格式的转换，具有较强的数据交换能力。

（5）支持多种硬件设备。

（6）支持多种操作平台。

（7）具有通用性、易用性，适用于各类用户。

此外，该系统又增添了许多强大的功能，如 AutoCAD 设计中心（ADC）、多文档设计环境（MDE）、Internet 驱动、新的对象捕捉功能、增强的标注功能以及局部打开和局部加载功能，从而使 AutoCAD 系统更加完善。

3. AutoCAD 的主要应用领域

AutoCAD 主要应用于工程制图、装饰设计、环境艺术设计、服装加工、电子工业、水电工程、土木施工等领域。

1.3.2　三维造型软件——SolidWorks

SolidWorks 软件是世界上第一个基于 Windows 开发的三维 CAD 系统，遵循易用、稳定和创新三大原则，大大缩短了设计时间。1995 年，该产品被快速、高效地投向了市场。

由于使用了 Windows OLE 技术、直观式设计技术、先进的 Parasolid 内核（由剑桥提供）以及良好的与第三方软件集成的技术，SolidWorks 成为全球装机量最大、最好用的软件，使用范围涉及航空航天、机车、食品、机械、国防、交通、模具、电子通讯、医疗器械、娱乐工业、日用品/消费品、离散制造等，分布于全球多个国家的多种行业。

在美国，包括麻省理工学院、斯坦福大学等在内的著名学府已经把 SolidWorks 列为制造专业的必修课，国内的一些大学和教育机构如清华大学、北京航空航天大学、北京理工大学、上海教育局等，也在应用 SolidWorks 进行教学。

1. SolidWorks 基础版功能介绍

草图：可以插入参考图片，图线可以自由拖动，自动解算，自动标注，自我修复。

配置：可以迅速展示不同设计方案以及零件的不同状态，比如能够迅速获得零件毛坯的形态和尺寸，不仅仅为设计，更延伸到对工艺过程的支持。

阵列：除了常见的规则阵列外，更含有草图驱动、特征驱动、曲线驱动、数据文件驱动等多种阵列能力，比如仅仅用一个曲线驱动阵列，就能模拟电缆拖链的动态占位效果。

多实体建模：为复杂模型建造带来更多的实用手段，甚至能像装配操作那样移动、重组实体，完美地实现了零件插入零件的复合造型。

特型造型：极大地提高了艺术造型的能力与效率，比如仅仅使用平直线条的简单造型能够迅速转化为曲面模型。

钣金：强大的钣金功能含有多种造型模式，能完成复杂钣金件的快速建模，比如放样钣金造型能够展平含有复杂曲面的钣金件，为相关工艺准备提供迅捷支持。

曲面造型：全面而富有特色的曲面工具，其丰富的选项能完成动物、运动鞋那样的复杂模型，仅仅一个填补曲面的功能，可令许多费力费时的曲面修补变得更轻松。

焊件功能：仅仅选择路径即可快速完成型材组构焊件，自动生成下料清单，并统计材料类型与长度等。

材质纹理：快速获得重量、重心等数据，甚至不用渲染，仅仅使用表面纹理即可获得满意的真实视觉效果。

尺寸关联：通过建模过程中设定的关键数据关联，可以使改变轴承的型号时，相关的轴径、轴承座等零件自动变化，无须单独修改。

自定义资源：含有多种项目的自定义资源，极大地提高了设计效率，比如在轴上开一个圆头键槽，或是在管端生成一个法兰，仅仅通过拖放、选参数、确定等三到五次鼠标点击即可完成。

装配：仅仅是拖放即可自动建立合适的配合关系，智能零部件与扣件还能自动调整参数以适应装配需要，具备动态模拟的能力，甚至能模仿真实碰撞制动的效果。使用图块，在装配中能更方便地进行自顶而下的设计工作，使得总体布局草图兼备简洁灵活而详细的能力。

工程图：零件与装配体的工程图都是自动投影生成的，有自动填写标题栏，可控自动投影尺寸，还能根据不同的配置，给出零件不同状态的工程图，为工艺准备带来极大便利，并且完全支持图层、线型等二维 CAD 能力，生成二维 CAD 可读的文件。

数据转换：配有丰富的数据接口，含有自动修复模型能力，能够打开以及转出的数据格式几乎是最多的，比如能直接打开 PRO/E 文件，并读取特征使之成为可编辑的 SolidWorks 模型。

2. SolidWorks 软件特点

（1）全 Windows 界面，操作非常简单方便。

SolidWorks 是在 Windows 环境下开发的，利用 Windows 的资源管理器或 SolidWorks Explorer 可以直观管理 SolidWorks 文件；采用内核本地化，全中文应用界面；采用 Windows 的技术，支持特征的"剪切、复制、粘贴"操作，支持拖动复制、移动技术。因此，SolidWorks 软件容易学习、方便操作。

（2）清晰、直观、整齐的"全动感"用户界面。

"全动感"的用户界面使设计过程变得非常轻松：动态控标用不同的颜色及说明提

醒设计者目前的操作，可以使设计者清楚现在做什么；标注可以使设计者在图形区域给定特征的有关参数；鼠标确认以及丰富的右键菜单使得设计零件非常容易；建立特征时，无论鼠标在什么位置，都可以快速确定特征的建立。

图形区域动态预览，使得设计人员在设计过程中可以审视设计的合理性；Feature Manager 使设计人员可以更好地通过管理和修改特征来控制零件、装配和工程图。

Property Manager 属性管理器，提供了非常方便的查看和修改属性操作；减少了图形区域的对话框，使设计界面简捷、明快。

Configurations Manager 属性管理器，可以很容易地建立和修改零件或装配的不同形态，大大提高了设计效率。

Configuration Publisher 配置出版程序，让系列零件更加直观，可快速配置出想要的产品及最大化地重复使用系列零件。

（3）具有灵活的草图绘制和检查功能。

草图绘制状态和特征定义状态有明显的区分标志，设计人员可以从中清楚自己的操作状态，让草图绘制更加容易，快速适应并掌握 SolidWorks 灵活的绘图方式：单击—单击式或单击—拖动式。单击—单击式的绘制方式非常接近 AutoCAD 软件。

绘制草图过程中的动态反馈和推理可以自动添加几何约束，使得绘图非常清楚和简单；草图采用不同的颜色显示不同的状态；拖动草图的图元，可以快速改变草图形状甚至是几何关系或尺寸值；可以绘制用于管道设计或扫描特征的 3D 草图；可以检查草图的合理性，提出专家级的解决方案，供设计者参考。

（4）强大的特征建立能力和零件与装配的控制功能基于特征的实体建模功能。

SolidWorks 通过拉伸、旋转、薄壁特征、高级抽壳、特征阵列以及打孔等操作，实现零件的设计，可以对特征和草图进行动态修改。

具有功能齐备和全相关的钣金设计能力。利用钣金特征可以直接设计钣金零件，对钣金的正交切除、角处理以及边线切口等处理非常容易；SolidWorks 提供了大量的钣金成形工具，采用简单的拖动技术就可以建立钣金零件中的常用形状。

利用 FeaturePalette 窗口，只需将其简单拖动到零件中就可以快速建立特征；管理和使用库特征非常方便；零件和装配体的配置不仅可以利用现有的设计，建立企业的产品库，而且解决了系列产品的设计问题；配置的应用涉及零件、装配和工程图；可以利用 Excel 软件驱动配置，从而自动生成零件或装配体；使用装配体轻化和 SpeakPad 技术，可以快速、高效地处理大型装配，提高系统性能；按照同心、重合、距离、角度、相切、宽度、极限等关系的丰富多样的装配来进行约束；具有动画式的装配和动态查看装配体运动；在装配中可以实现智能化装配，装配体操作非常简便、高效；可以进行动态装配干涉检查和间隙检测，以及静态干涉检查；在装配中可以利用现有的零件相对于某平面产生镜像，产生一个新零件或使用原有零件按镜像位置装配并保留装配关系。

（5）工程图。

SolidWorks 可以为三维模型自动生成工程图，包括视图、尺寸和标注。

灵活多样的视图操作，可以建立各种类型的投影视图、剖面视图和局部放大图，并有局部剖视图功能。

交替位置视图，能够方便地显示零部件的不同位置，在同一视图中生成装配的多种不同位置的视图，以便设计人员了解运动的顺序。

尺寸控制棒，其方便规范的尺寸标注可以让图纸标注更规范、更美观，让设计人员真正享受 SolidWorks 工程图设计。

尺寸调色板，让设计无处不在，大大减少了鼠标的移动，让命令更贴心；方便的标注收藏和重复利用，让标注更快捷。

（6）数据交换。

SolidWorks 可以通过标准数据格式与其他 CAD 软件进行数据交换。

提供数据输入诊断功能，允许用户对输入的实体执行特征识别和几何体简化、模型误差重设以及冗余拓扑移除。

利用插件形式提供免费的数据接口，可以方便地与其他三维 CAD 软件如 PRO/Engineer、UG、MDT、SolidEdges 等进行数据交换。

DXF/DWG 文件转换向导可以将用户通过其他软件建立的工程图文件转化成 SolidWorks 的工程图文件，操作非常方便。

可以将模型文件输出成标准的数据格式，将工程图文件输出成 DXF/DWG 格式。

（7）支持工作组协同作业。

3D Meeting 是基于微软 NetMeeting 技术而开发的专门为 SolidWorks 设计人员提供的协同工作环境，利用 3D Meeting 可以通过 Internet 实时地协同工作。

支持 Web 目录，可以将设计数据存放在互联网的文件夹中，和存放在本地硬盘一样方便。

将工程图输出成 eDrawings 文件格式，在任何一台安装 Windows 系统的计算机上均能打开，让设计人员不需要 SolidWorks 软件就可以通过邮件传输非常方便地交流设计思想。

提供了自由、开放、功能完整的 API 开发工具接口，让用户可以根据实际情况利用 VC、VB、VBA 或其他 OLE 开发程序对 SolidWorks 进行二次开发。

（8）SolidWorks 合作伙伴计划和集成软件。

作为"基于 Windows 平台的 CAD/CAE/CAM/PDM 桌面集成系统"的核心软件，SolidWorks 提供了完整的产品设计解决方案。对于产品的加工、分析以及数据管理，SolidWorks 公司"合作伙伴计划"大大拓展了 SolidWorks 在整个机械行业中的应用。"合作伙伴计划"提供了许多高性价比的解决方案，让 SolidWorks 用户可以从非常广的范围选择产品开发、加工制造以及数据管理等各种软件。

1.3.3　三维可视化实体模拟软件——Inventor

Autodesk Inventor（以下简称 Inventor）是美国 Autodesk 公司于 1999 年年底推出的最新三维参数化实体模拟软件，与其他同类产品相比，其操作更为简单、易于学习和使用。Inventor 具有多样化的显示选项及强大的拖放功能。Inventor 与 Autodesk 3DS MAX 等其他软件兼容性强，其输出文件可直接或间接转化为 STL 和 STEP 等文件。在基本的实体零件和装配模拟功能之上，Inventor 提供了一系列更为深化的模拟技术和工程图功能。

借助 Autodesk Inventor Professional 的运动仿真功能，用户能了解机器在真实条件下如何运转，而节省花费在构建物理样机上的成本、时间和高额的咨询费用。

用户可以根据实际工况添加载荷、摩擦特性和运动约束，然后通过运行仿真功能验证设计。借助与应力分析模块的无缝集成，可将工况传递到某一个零件上，来优化零部件设计。

1．（增强功能）仿真

Inventor 通过仿真机械装置和电动部件的运转来确保设计有效，同时减少制造物理样机的成本。

2．（增强功能）输出到应力分析中

在运动仿真中，可将实际工况传入零件并带入 Autodesk Inventor Stress Analysis 或 ANSYS Workbench，进而预测应力和应变，据此调整零件（如销和联接件）的尺寸，将材料用到该用的地方。

3．（增强功能）约束转换

自动分析装配约束，识别相关刚体，并转换成正确的、仿真的运动连接；也可以从运动连接库中选择并施加标准的运动连接，还有添加弹簧和阻尼器，定义每个连接处的摩擦系数等详细描述。

4．（增强功能）载荷定义

可以添加不同的驱动载荷、扭矩以及基于时间的力函数，用于研究设计模型在不同载荷条件下的性能。

5．（增强功能）可视化

全面体现设计模型的运行情况和性能。三维动画可以显示基于实体模型和施加载荷条件下的动态运动。

6．（增强功能）点轨迹

标记和表达零部件选定点的位置，以便作为后期设计的依据。

7．（增强功能）图示器

使用集成的图示器功能，可以快速查看设计模型的运动特性在机器的运转周期内如何变化。

8．Microsoft Excel 输出

将 XY 打印数据输出到 Microsoft Excel 电子表格中，可以分析仿真并将结果合并到演示和分析报告中。

9．应力分析

Autodesk Inventor Professional 的应力分析功能是分析零件的应力应变，以确保零件的强度和刚度。

10. 易用、嵌入的分析

依据分析而不是直觉制定设计决策。

11. 与运动仿真集成

分析运动的零件在机械装置的运转周期内，在不同时间点上的应力情况。

12. 模型简化

可以通过抑制特征来简化在有限元分析（FEA）过程中的模型结构，从而提高分析效率。

13. 薄壁件处理

识别薄金属零件（钣金件）上的高应力区，确保这类零件分析结果的正确性。

14. 将分析数据导入 ANSYS

无需成本高昂且烦琐的数据转换，便可进行高级研究。

15. 共享验证结果

通过输出成一个 AVI 或图形文件，可以快速轻松地将分析结果添加到分析报告中，而且能直观生动地演示整个装配流程。

1.3.4 平面图像处理软件——Photoshop

Adobe Photoshop，简称 Photoshop，是由 Adobe 公司开发和发行的图像处理软件。Photoshop 主要处理以像素所构成的数字图像。使用其众多的编修与绘图工具，可以有效地进行图片编辑工作。多数人对于 Photoshop 的了解仅限于"一个很好的图像编辑软件"，并不知道它的其他诸多应用。实际上，Photoshop 的应用领域很广泛，涉及图像、图形、文字、视频、出版等各方面。

Photoshop 后来引用杭州清风设计培训机构的云计算技术，被广大用户所推崇，市场更普及。

从功能上看，该软件可分为图像编辑、图像合成、校色调色及特效制作等。

图像编辑是图像处理的基础，可以对图像做各种变换（如放大、缩小、旋转、倾斜、镜像、透视等），也可进行复制、去除斑点、修补、修饰图像的残损等。这在婚纱摄影、人像处理制作中有非常大的用场，可去除人像上不满意的部分，进行美化加工，得到让人非常满意的效果。

图像合成则是将几幅图像通过图层操作、工具应用合成完整的、传达明确意义的图像，这是美术设计的必经之路。该软件提供的绘图工具可以让外来图像与创意很好地融合，使图像的合成天衣无缝。

校色调色是该软件中深具威力的功能之一，可方便快捷地对图像的颜色进行明暗、色偏的调整和校正，也可在不同颜色间进行切换以满足图像在不同领域（如网页设计、印刷、多媒体等方面）中的应用。

特效制作在该软件中主要由滤镜、通道及工具综合应用来完成。包括图像的特效创意和特效字的制作，如油画、浮雕、石膏画、素描等常用的传统美术技巧都可借由该软件来完成。而制作各种特效字的功能更是很多美术设计人员热衷于该软件的原因。

1.3.5 矢量动画制作软件——Flash

Flash 是由 Macromedia 公司开发设计的，它可以让网页中不再只有简单的 GIF 动画或 Java 小程序，而是一个完全交互式的多媒体网站，并具有很多优势，如矢量图形、MP3 音乐压缩等。只有看一些经典的 Flash 网站，才会让人对 Flash 有所感触。

1. Flash 的基本功能

Flash 动画设计的三大基本功能是整个 Flash 动画设计知识体系中最重要也是最基础的，包括绘图和编辑图形、补间动画及遮罩。这是三个紧密相连的逻辑功能，并且这三个功能自 Flash 诞生以来就存在。

（1）绘图和编辑图形。

绘图和编辑图形不但是创作 Flash 动画的基本功能，也是进行多媒体创作的基本功能，只有熟练操作，才能在以后的学习和创作道路上一帆风顺。使用 Flash Professional 8 绘图和编辑图形——这是 Flash 动画创作的三大基本功能的第一位；在绘图的过程中要学习怎样使用元件来组织图形元素，这也是 Flash 动画的一大特点。Flash 中的每幅图形都开始于一种形状。形状由两个部分组成——填充（fill）和笔触（stroke），前者是形状里面的部分，后者是形状的轮廓线。如果设计人员可以记住这两个组成部分，就可以比较顺利地创建美观、复杂的画面。

Flash 包括多种绘图工具，它们在不同的绘制模式下工作。许多创建工作都开始于像矩形和椭圆这样的简单形状，因此能够熟练地绘制它们、修改它们的外观以及应用填充和笔触是很重要的。Flash 提供的三种绘制模式，决定了"舞台"上的对象彼此之间如何交互，以及设计人员能够怎样编辑它们。默认情况下，Flash 使用合并绘制模式，但是设计人员可以启用对象绘制模式，或者使用"基本矩形"或"基本椭圆"工具，以使用基本绘制模式。

（2）补间动画。

补间动画是整个 Flash 动画设计的核心，也是 Flash 动画的最大优点，有动画补间和形状补间两种形式。用户学习 Flash 动画设计，最主要的就是学习补间动画设计。在应用影片剪辑元件和图形元件创作动画时，有一些细微的差别，设计人员应该完整把握这些细微的差别。

（3）遮罩。

在 Flash 中，遮罩就是通过遮罩图层中的图形或者文字等对象，透出下面图层中的内容。遮罩是 Flash 动画创作中不可缺少的——这是 Flash 动画设计三大基本功能中重要的出彩点。使用遮罩配合补间动画，用户可以创建更加丰富多彩的动画效果：图像切换、火焰背景文字、管中窥豹等都是实用性很强的动画。并且，从这些动画实例中，用户可以举一反三创建更多实用性更强的动画效果。

遮罩主要有两种用途：一种是用在整个场景或一个特定区域，使场景外的对象或特定区域外的对象不可见；另一种是用来遮罩住某一元件的一部分，从而实现一些特殊的效果。被遮罩层中的对象只能透过遮罩层中的对象显现出来；被遮罩层可使用按钮、影片剪辑、图形、位图、文字、线条等。

遮罩的原理非常简单，但其实现的方式多种多样，特别是和补间动画以及影片剪辑元件结合起来，可以创建千变万化的形式，设计人员应该对这些形式进行总结概括，从而使自己有的放矢，从容创建各种形式的动画效果。

2. Flash 的特点

（1）使用矢量图形和流式播放技术。与位图图形不同的是，矢量图形可以任意缩放尺寸而不影响图形的质量；流式播放技术使得动画可以边播放边下载，从而缓解网页浏览者焦急等待的情绪。

（2）使用关键帧和图符生成的动画（.swf）文件非常小，几千字节已经可以实现许多令人心动的动画效果，用在网页设计上不仅可以使网页更加生动，而且更加小巧玲珑，下载速度更快，这使得动画可以在打开网页很短的时间里就得以播放。

（3）音乐、动画、声效、交互方式融合在一起，让越来越多的人把 Flash 作为网页动画设计的首选工具，并且创作出了许多令人叹为观止的动画（电影）效果。Flash4.0 版本已经支持 MP3 的音乐格式，这使得加入音乐的动画文件也能保持小巧的"身材"。

（4）强大的动画编辑功能使得设计者可以随心所欲地设计出高品质的动画，通过 ACTION 和 FSCOMMAND 实现交互性，使 Flash 具有更大的设计自由度。另外，Flash 与当今最流行的网页设计工具 Dreamweaver 配合默契，可以直接嵌入网页的任一位置，非常方便。总之，Flash 已经慢慢成为网页动画的标准，成为一种新兴的技术发展方向。

1.3.6 图片处理软件——Illustrator

Adobe Illustrator（以下简称 Illustrator）是一种应用于出版、多媒体和在线图像的工业标准矢量插画软件。作为一款非常好的图片处理工具，Illustrator 广泛应用于印刷出版、海报书籍排版、专业插画、多媒体图像处理和互联网页面的制作等，也可以为线稿提供较高的精度和控制，适合用于任何小型设计到大型的复杂项目。

Illustrator 作为全球最著名的矢量图形软件，以其强大的功能和体贴用户的界面，已经占据了全球矢量编辑软件中的大部分市场份额。据不完全统计，全球有 37% 的设计师在使用 Illustrator 进行艺术设计。

尤其基于 Adobe 公司专利的 PostScript 技术的运用，Illustrator 已经完全占领专业的印刷出版领域。无论是线稿的设计者和专业插画家、生产多媒体图像的艺术家，还是互联网页或在线内容的制作者，使用过 Illustrator 后都会发现，其强大的功能和简洁的界面设计风格只有 Freehand 能相比。

1. Illustrator 的特色

Illustrator 最大的一个特色在于贝塞尔曲线的使用，使得操作简单、功能强大的矢量绘图成为可能。所谓的贝赛尔曲线方法，在这个软件中就是通过"钢笔工具"设定"锚点"和"方向线"实现的。一般用户在一开始使用时都会感到不太习惯，需要经过一定练习，但是一旦掌握以后就能够随心所欲绘制出各种线条，且直观可靠。

它同时作为创意软件套装 Creative Suite 的重要组成部分，与兄弟软件——位图图形处理软件 Photoshop 有类似的界面，并能共享一些插件和功能，实现无缝连接。同时，它也可以将文件输出为 Flash 格式。因此，通过 Illustrator 可以让 Adobe 公司的产品与 Flash 相连接。

2．Illustrator 的功能特性

（1）提供的工具。

Illustrator 是一款专业图形设计工具，提供丰富的像素描绘功能以及顺畅灵活的矢量图编辑功能，能够快速创建设计工作流程。借助 Expression Design，可以为屏幕/网页或打印产品创建复杂的设计和图形元素，并支持矢量图形处理功能。

（2）贝赛尔曲线的使用。

Illustrator 的一个最大的功能特性就是使用贝赛尔曲线。它集成文字处理、上色等功能，在插图制作、印刷制品（如广告传单、小册子）设计制作方面被广泛使用，事实上已经成为桌面出版（DTP）业界的默认标准。

1.3.7　网页设计软件——Dreamweaver

Adobe Dreamweaver（前称为 Macromedia Dreamweaver）是 Adobe 公司的著名网站开发工具。它使用所见即所得的接口，亦有 HTML 编辑的功能。它现在有 Mac 和 Windows 两种系统版本。Dreamweaver 由 MX 版本开始使用 Opera 软件公司的排版引擎"Presto"作为网页预览。由 CS4 版本开始，则转用 WebKit 排版引擎（即 Google Chrome 和 Apple Safari 浏览器所用的排版引擎）作为网页预览。

Dreamweaver 的主要特点如下所述。

（1）卓越的可视环境，简单易用。

使用 Macromedia 的可视化开发环境，只需通过简单的拖拉技术，将"Objects"窗口中的对象拖到"Document Window"中即可。

（2）所见即所得的强大功能。

Dreamweaver 具有所见即所得的功能，可以在"Properties"（属性）窗体中调整参数，即刻在"Document Window"窗体中看到它的改变。如果按下"F12"，Dreamweaver 会自动生成 HTML 文件格式供预览，以便设计人员进一步调整。

（3）方便快速的文本编排。

与 Word 相似，Dreamweaver 具有强大的文本编辑能力，设计人员可以在"Layer""Table""Frame"或直接在"Document Window"窗体中输入文字，通过快捷的右键，选择例如"Font"（字体）类的选项进行编辑，也可以利用"Text"菜单进行更为细致的排版编辑。

（4）专业的 HTML 编辑——Roundtrip HTML。

Dreamweaver 与现存的网页有着极好的兼容性，不会更改任何其他编辑器生成的页面。这将大幅度降低由于 HTML 源代码的变更而给设计者带来的困惑。

（5）高质量的 HTML 生成方式。

由 Dreamweaver 生成的 HTML 源代码保持了很好的可读性。代码结构基本上同手工生成的代码相同，这使得设计者可以轻易掌握代码全局并加以修改。

（6）实时的 HTML 控制。

设计者可以在可视化或者文本这两种方式下进行页面的设计，并且可以实时监控 HTML 源代码。当设计者对代码做出任何改动时，结果将立刻显示出来。

（7）与流行的文本 HTML 代码编辑器之间的协调工作。

Dreamweaver 可以与目前流行的 HTML 代码编辑器（如 BBEdit、HomeSite 等）全面协调工作。已经习惯于使用这些纯文本编辑器的设计者将在不改变他们原有工作习惯的基础上，充分享受到 Dreamweaver 带来的更多功能。设计者可以使用文本编辑器直接编辑 HTML，同时使用 Dreamweaver 生成较为复杂的动画、表格、Frame、JavaScript 等。

（8）强大的 DHTML 支持。

Dreamweaver 对 DHTML 完全支持，并提供了与之相关联的四大功能。而其他的可视化网页编辑工具几乎不提供或只是小部分提供 DHTML 的制作。这项技术可以增强页面的交互性，提高下载速度，使页面更美观和易于设计，且富有动感。

（9）重复元素库。

在 Dreamweaver 中定义的一个站点内，设计人员可以将重复使用的内容独立定义。这样设计人员在需要这些内容的地方只需做一个简单的插入就可以了。而且当元素库中定义的内容被修改后，整个站点中设计同样内容的地方将统一发生变化而无须再逐一修改。

（10）基于目标浏览器的检测。

目前，浏览器更新换代很快，设计人员制作出的网页必须面向功能不同的浏览器并保持其正确性。这是一项比较困难的工作。而 Dreamweaver 不仅可以在设计时基于不同的目标浏览器进行不同的设计，而且在页面制作完毕后可以基于目标浏览器对页面进行检测并给出报告。报告将显示被检测页面的兼容性以及在不同浏览器中页面的区别，同时还将指出页面中 HTML 的句法错误。

（11）FTP。

Dreamweaver 包含一个与界面极为友好的 FTP 工具。通过它，设计人员可以非常方便地将设计的单一页面或者一个站点上传至服务器。同时，设计人员还可以非常方便地将已经上传至服务器的文件下载以供参考和修改。在文件传输过程中，Dreamweaver 将记录下整个过程以供错误分析。

（12）文件锁定。

这是一种专为合作开发环境设置的档案机制，可以通过标记和取出机制设置只读或可编写属性来保护文档。这种方法可以防止不必要的数据丢失，增强安全性。

1.3.8 网站建设技术、设计语言及数据库

现在主流的网站设计及数据库语言主要有以下几种。

1．HTML

HTML，即超文本标记语言，其在 WWW 上的一个超媒体文档称为一个页面（page）。

HTML 之所以称为超文本标记语言，是因为文本中包含了所谓的"超级链接"点。所谓超级链接，就是一种 URL 指针，通过激活（点击）它，可使浏览器方便地获取新的网页。这也是 HTML 获得广泛应用的最重要的原因之一。

由此可见，网页的本质就是 HTML，通过结合使用其他的 Web 技术（如脚本语言、CGI、组件等），可以创造出功能强大的网页。因而，HTML 是 Web 编程的基础，也就是说万维网是建立在超文本基础之上的。

2．ASP

ASP 是微软（Microsoft）所开发的一种后台脚本语言，它的语法和 Visual Basic 类似，可以像 SSI（Server Side Include）那样把后台脚本代码内嵌到 HTML 页面中。虽然 ASP 简单易用，但是其自身存在许多缺陷，最重要的就是安全性问题。目前在微软的 .NET 战略中新推出的 ASP.NET 借鉴了 Java 技术的优点，使用 CSharp（C♯）语言作为 ASP.NET 的推荐语言，同时改进了以前 ASP 安全性差等缺点。但是，使用 ASP/ASP.NET 仍有一定的局限性，因为从某种角度来说它们只能在微软的 WindowsNT/2000/XP＋IIS 的服务器平台上良好运行（虽然像 ChilliSoft 提供了在 UNIX/Linux 上运行 ASP 的解决方案，但是目前 ASP 在 UNIX/Linux 上的应用可以说几乎为零）。所以，平台的局限性和 ASP 自身的安全性限制了 ASP 的发展。

3．PHP

PHP，即"PHP：Hypertext Preprocessor"，是一种 HTML 内嵌式的语言（就像上述的 ASP 那样）。而 PHP 独特的语法混合了 C 语言、Java、Perl 以及 PHP 式的新语法。它可以比 CGI 或者 Perl 更快速地执行动态网页。

PHP 的源代码完全公开，在 OpenSource 意识抬头的今天，它更是这方面的中流砥柱。不断有新的函数库加入，以及不停更新，使得 PHP 无论在 UNIX 或是 Win32 的平台上都可以有更多新的功能。它提供丰富的函数，在程序设计方面有更好的资源。平台无关性是 PHP 的最大优点，但是在优点的背后，还是有一些小小的缺憾。如果在 PHP 中不使用 ODBC，而用其自带的数据库函数（这样的效率要比使用 ODBC 高）来连接数据库的话，一旦使用不同的数据库，PHP 的函数名就不能统一。这样会使程序的移植变得有些麻烦。不过，作为目前应用最为广泛的一种后台语言，PHP 的优点还是非常突出的。

4．ASP.NET

ASP.NET 是 Microsoft.NET 的一部分，作为战略产品，不仅仅是 Active Server Page（ASP）的下一个版本，还提供了一个统一的 Web 开发模型，其中包括开发人员生成企业级 Web 应用程序所需的各种服务。ASP.NET 的语法在很大程度上与 ASP 兼容，同时还提供一种新的编程模型和结构，可生成伸缩性和稳定性更好的应用程序，并提供更好的安全保护。在现有 ASP 应用程序中逐渐添加 ASP.NET 功能，可随时增强

ASP 应用程序的功能。ASP. NET 是一个已编译的、基于 . NET 的环境，可以用任何与 . NET 兼容的语言（包括 Visual Basic. NET、C♯ 和 JScript. NET）进行创作的应用程序。另外，任何 ASP. NET 应用程序都可以使用整个 . NET Framework。开发人员可以方便地获得这些技术的优点，其中包括托管的公共语言运行库环境、类型安全、继承等。ASP. NET 可以无缝地与 WYSIWYGHTML 编辑器和其他编程工具（包括 Microsoft Visual Studio. NET）一起工作。这不仅使 Web 开发更加方便，而且还能提供这些工具必需的所有优点，包括开发人员可以用来将服务器控件拖放到 Web 页的 GUI 和完全集成的调试支持。

5．JSP

JSP（Java Server Pages）是由 Sun Microsystems 公司倡导，许多公司参与共同创建的一种使软件开发者可以响应客户端请求，而动态生成 HTML、XML 或其他格式文档的 Web 网页的技术标准。JSP 技术是以 Java 语言作为脚本语言的，JSP 网页为整个服务器端的 Java 库单元提供了一个接口来服务于 HTTP 的应用程序。JSP 使 Java 代码和特定的预定义动作可以嵌入静态页面。JSP 句法增加了被称为 JSP 动作的 XML 标签，它们用来调用内建功能。JSP 与 Servlet 一样，是在服务器端执行的。通常返回给客户端的就是一个 HTML 文本，因此客户端只要有浏览器就能浏览。

6．Java

Java 是一种可以撰写跨平台应用软件的面向对象的程序设计语言，是由 Sun Microsystems 公司于 1995 年 5 月推出的 Java 程序设计语言和 Java 平台（即 JavaSE、JavaEE、JavaME）的总称。Java 技术具有卓越的通用性、高效性、平台移植性和安全性，广泛应用于个人计算机、数据中心、游戏控制台、超级计算机、移动电话和互联网，同时拥有全球最大的开发者专业社群。在全球云计算和移动互联网的产业环境下，Java 更具备了显著优势和广阔发展前景。后来 Sun 公司被甲骨文公司并购，Java 也随之成为甲骨文公司的产品。Java 自面世后就非常流行，发展迅速，对 C++ 语言形成了有力冲击。

7．C++

C++ 这个词在中国大陆的程序员圈子中通常被读作"C 加加"，而西方的程序员通常读作"Cplusplus"或"CPP"。它是一种使用非常广泛的计算机编程语言。C++ 是一种静态数据类型检查的、支持多重编程范式的通用程序设计语言。它支持过程化程序设计、数据抽象、面向对象程序设计、泛型程序设计等多种程序设计风格，使用效率高，功能完全没有限制，支持多种程序设计方法。但同时，它的编译器实现过于复杂，尤其把预处理和语法分析混在一起的时候，上手比较困难。

8．MySQL

MySQL 几乎是最受欢迎的开源 SQL 数据库管理系统，由 MySQL AB 开发、发布和支持。MySQL AB 是一家基于 MySQL 开发人员的商业公司，是一家使用了一种成功的商业模式来结合开源价值和方法论的第二代开源公司。MySQL 是 MySQL AB 的注册商标。

MySQL 是一个快速的、多线程、多用户和健壮的 SQL 数据库服务器。MySQL 服务器支持关键任务、重负载生产系统的使用，也可以被嵌入一个大配置（mass-deployed）软件。

与其他数据库管理系统相比，MySQL 具有以下优势：

（1）MySQL 是一个关系数据库管理系统。

（2）MySQL 是开源的。

（3）MySQL 服务器是一个快速、可靠和易于使用的数据库服务器。

（4）MySQL 服务器工作在客户/服务器或嵌入系统中。

（5）有大量的 MySQL 软件可供使用。

9. SQLServer

SQLServer 是由微软开发的数据库管理系统，是现下 Web 上最流行的用于存储数据的数据库，已被广泛应用于电子商务、银行、保险、电力等与数据库有关的行业。

SQLServer 提供了众多的 Web 和电子商务功能，如对 XML 和 Internet 标准的丰富支持，通过 Web 对数据进行轻松安全的访问，具有强大的、灵活的、基于 Web 的和安全的应用程序管理等。而且，由于其易操作性及友好的操作界面，深受广大用户的喜爱。

10. Oracle

提起数据库，人们第一个想到的公司一般都是 Oracle（甲骨文）。该公司成立于 1977 年，最初是一家专门开发数据库的公司。Oracle 在数据库领域一直处于领先地位，1984 年，首先将关系数据库转到了桌面计算机上。然后，Oracle 5 率先推出了分布式数据库、客户/服务器结构等崭新概念。Oracle 6 首创行锁定模式以及对称多处理计算机的支持……Oracle 8 主要增加了对象技术，成为关系—对象数据库系统。目前，Oracle 产品覆盖了大、中、小等几十种机型，Oracle 数据库成为世界上使用最广泛的关系数据库系统之一。

Oracle 数据库产品具有以下优良特性：

（1）兼容性。

Oracle 产品采用标准 SQL，并经过美国国家标准技术所（NIST）的测试，与 IBM SQL/DS、DB2、INGRES、IDMS/R 等兼容。

（2）可移植性。

Oracle 的产品可运行于很宽范围的硬件与操作系统平台上。它可以安装在 70 种以上不同大、中、小型机上，可在 VMS、DOS、UNIX、Windows 等多种操作系统下工作。

（3）可联结性。

Oracle 能与多种通信网络相连，支持各种协议（TCP/IP、DECnet、LU6.2 等）。

（4）高生产率。

Oracle 产品提供了多种开发工具，极大地方便了用户进行进一步开发。

（5）开放性。

Oracle 良好的兼容性、可移植性、可联结性和高生产率使 Oracle RDBMS 具有良好的开放性。

第2章　机械产品动画展示

电脑与互联网彻底影响了21世纪人类的生活方式，世界各大公司都在用电脑与互联网作为工具宣传自己的产品和服务，以获取更多的机会与客户。在电脑中，用图文声并茂的方式宣传产品，可让产品更具吸引力。其中，Flash就是一款经常用到的产品宣传软件。目前在Flash中直接绘制某些机械产品三维图片非常困难，而且在尺寸比例上不能做到等同真实产品的效果。如果我们采用工程制图软件进行绘制，就可以做出尺寸比例与真实产品效果相同的三维图形，而且可以使产品绘制工作变得非常专业和快捷。本章将以多媒体制作软件Flash和三维产品建模软件SolidWorks为平台，讲解如何将三维产品建模软件和多媒体制作软件相结合，制作产品动画展示。

2.1　教学目的

（1）了解工程绘图软件与传媒软件结合的必要性。
（2）运用SolidWorks软件绘制齿轮。
（3）掌握利用Flash除背等图形处理。
（4）运用Flash进行动画制作。

2.2　企业产品展示

产品宣传片如同企业的一张名片，它利用影像、声音、动画等资讯形式，随着音乐的节奏，让观看者可在轻松的环境中了解企业的精神、文化和发展状况。在互联网高速发展的当下，做好产品宣传片就成了让用户真正了解企业的重要方式之一。

企业宣传片已逐渐成为企事业单位对外展示、沟通信息最方便、快捷的桥梁之一。制作企业宣传片的平台很多，制作成本差异巨大。传统的企业宣传片多采用现场摄影的方式，需要对真实的产品进行全方位拍摄，再对底片进行修剪和配置。传统的电影拍摄方式成本高昂，而且对于科技产品的介绍有许多不足与制约，如科技产品需要对产品内部进行展示，需要实现产品内部运行示意，而传统电影拍摄方式就做不到。随着计算机应用软件技术的发展，产品设计工程师已经能够在电脑中设计产品的三维模型，这种三维模型可以达到与真实产品有相同的尺寸比例和材质颜色。传媒设计师利用电脑中的多媒体软件可以图文声并茂地对企业产品进行包装宣传，传播文件多为动画形式，配上合适的语言即可对产品进行全方位介绍。传媒设计师在制作动画时，图片素材的制作占据了大量的工作时间，而且在介绍产品内部结构时，还需要花大量时间来修改图片素材。从三维建模软件设计的产品的三维模型中我们可以很方便地获取产品内部结构图片，而且这种图片最大的优点是与真实产品结构完全相同，更为重要的是，这些图片在企业中是现成的，不需要传媒设计师进行更多的制作和处理。

可以相信，利用三维工程设计软件设计出精确真实的产品图片，导入传统动画制作 Flash 软件中，再通过简单的图片处理，即可进行图文声并茂的产品展示动画制作。掌握这门技术之后，既可以低成本地创建产品宣传动画片，又可以将企业现有的三维产品纳入宣传片素材，起到事半功倍的效果。

2.3　SolidWorks 软件简介

SolidWorks 软件是由法国一家名为 SolidWorks 的公司设计的一款三维产品设计软件。SolidWorks 公司成立于 1993 年，是专门为制造行业提供专业三维机械设计软件的厂商；1997 年，通过与法国达索公司的股票交易成为达索公司旗下的一员，更名为 DS SolidWorks 公司。

DS SolidWorks 公司是一家专业从事三维机械设计、工程分析、产品数据管理软件研发和销售的国际性公司。SolidWorks 软件以其优异的性能、易用性和创新性，极大地提高了机械设计工程师的设计效率和质量，目前已成为主流 3D CAD 软件市场的标准，在全球拥有超过 100 万的用户。DS SolidWorks 公司的宗旨是：To help customers design products and be more successful——让您的设计更精彩。

2.3.1　什么是 SolidWorks 软件

SolidWorks 可以创造与众不同的产品并缩短其上市的时间，也可以降低产品的开发成本，提高产品的质量。自从 20 世纪 90 年代 SolidWorks 进入中国市场，就凭借其方便、易用的操作界面，灵活、快捷的设计理念，以及强大的功能让设计师耳目一新。SolidWorks 2008 更是用其创新的理念，将功能和界面大胆革新，从而开辟了一条 3D 设计的新疆界。

SolidWorks 机械设计自动化软件是一个基于特征、参数化、实体建模的设计工具。利用 SolidWorks 可以创建全相关的三维实体模型，设计过程中，实体之间可以存在或不存在约束关系；同时，还可以利用自动的或者用户定义的约束关系体现设计意图。

2.3.2 SolidWorks 软件简介

1. 基于特征

正如装配体是由许多单个独立零件组成的一样，SolidWorks 中的模型是由许多单独的元素组成的。这些元素被称为特征。

在进行零件或装配体建模时，SolidWorks 软件使用智能化的、易于理解的几何体（如凸台、切除、孔、肋、圆角、倒角和拔模等）创建特征，创建的特征可以直接应用于零件中。

SolidWorks 中的特征可以分为草图特征和应用特征。

（1）草图特征：基于二维草图的特征，该草图通常可以通过拉伸、旋转、扫描或放样转换为实体。

（2）应用特征：直接创建于实体模型上的特征，例如圆角和倒角就是这种类型的特征。

SolidWorks 软件在一个被称为 FeatureManager 设计树的特殊窗口中显示模型的特征结构。FeatureManager 设计树不仅可以显示特征被创建的顺序，还可以使用户很容易得到所有特征的相关信息。

举例说明基于特征建模的概念。如图 2-1 所示，零件可以看成是几个不同特征的组合——一些特征是增加材料的，例如圆柱形凸台；一些特征是去除材料的，例如不通孔，如图 2-2 所示。

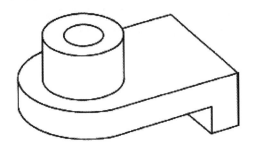
图 2-1　基于特征的结构（一）

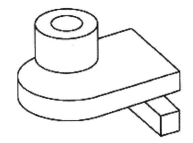
图 2-2　基于特征的结构（二）

图 2-3 显示了这些单个特征与其在 FeatureManager 设计树中的一一对应关系。

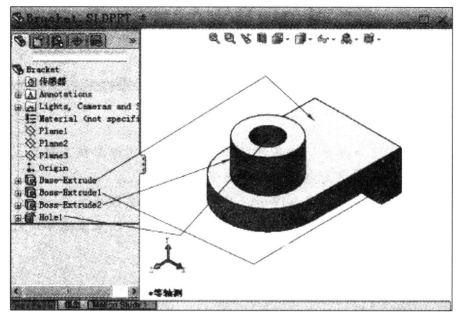

图 2-3　特征与 FeatureManager 设计树的对应关系

2. 参数化

用于创建特征的尺寸与几何关系，可以被记录并保存于设计模型中。这不仅可以使模型充分体现设计者的设计意图，而且便于快速简单地修改模型。

（1）驱动尺寸：创建特征时所用的尺寸，包括与绘制几何体相关的尺寸和与特征自身相关的尺寸。圆柱体凸台特征就是这样一个简单的例子。凸台的直径由草图中圆的直径来控制，凸台的高度由创建特征时拉伸的深度来决定。

（2）几何关系：草图几何体之间的平行、相切和同心等信息。以前这类信息是通过特征控制符号在工程图中表示的。通过草图几何关系，SolidWorks 可以在模型设计中完全体现设计意图。

3. 实体建模

实体建模是 CAD 系统中所使用的最完整的几何模型类型。它包含了完整描述模型的边和表面所必需的所有线框和表面几何信息。除了几何信息外，它还包括把这些几何体关联到一起的拓扑信息。例如，哪些面相交于哪条边（曲线）。这种智能信息使一些操作变得很简单，例如圆角过渡，只需选一条边并指定圆角半径值就可以完成。

4. 全相关

SolidWorks 模型与它的工程图及参考它的装配体是全相关的。对模型的修改会自动反映到与之相关的工程图和装配体中。同样地，对工程图和装配体的修改也会自动反映在模型中。

5. 约束

SolidWorks 支持诸如平行、垂直、水平、竖直、同心和重合这样的几何约束关系。

此外，还可以使用方程式来创建参数之间的数学关系。通过使用约束和方程式，设计者可以保证设计过程中实现和维持诸如"通孔"和"等半径"之类的设计意图。

6. 设计意图

设计意图是指关于模型改变后如何表现的规划。例如，用户创建了一个含有不通孔的凸台，当凸台移动时，不通孔也应该随之移动。同样，用户创建了 6 个等距孔的圆周阵列，当把孔数改为 8 个后，孔之间的角度也会自动地改变。在设计过程中，用什么方法来创建模型，决定于设计人员将如何体现设计意图，以及体现什么样的设计意图。

2.4 绘制齿轮

通过上面的讲解，我们知道为了绘制真实的齿轮，使用动画制作软件 Flash 进行绘制是不可实现的，而利用三维工程设计软件进行产品设计，绘制齿轮工作会变得快捷而精确。

利用 SolidWorks 绘制齿轮有很多种方法，本节详细介绍两种：①利用 SolidWorks 自带的插件 Toolbox 进行齿轮绘制法；②精确绘制渐开线齿轮法。这两种方法各有特点：利用自带的插件 Toolbox 进行齿轮绘制法，采用简单的参数设置即可生成完整的各种标准齿轮。这种绘制方法绘制齿轮效率高，但是齿的轮廓不是精确的渐开线齿轮，而且复杂的齿轮通过插件 Toolbox 不好实现。精确绘制渐开线齿轮法，是通过绘制精确的渐开线，生成渐开线齿廓，再利用 SolidWorks 阵列功能生成完整的齿轮模型。这种绘制方法绘制的齿轮为精确的渐开线齿轮，但是比较复杂，创建时间较长。

我们在用 SolidWorks 绘制齿轮之前一定要先明确自己的目的，做到有的放矢，将提高设计效率和保证产品质量相结合。如果只想建立动画模型，那就没有必要将宝贵的时间浪费在复杂的渐开线建模上。

2.4.1 齿轮的基础知识

齿轮传动是近代机器中最常见的一种机械传动，是传递机器动力和运动的一种主要形式。齿轮在机械传动设计中是重要的传动零件，它有很多其他传动机构无法比拟的优点，比如传动效率高（一般在 0.9 以上），传动平稳（斜齿轮尤为突出），传动力矩大，有较准确的瞬时传动比，寿命长，而且可以改变传动方向，等等。这些优点决定了齿轮在动力传动和运动传动中占有不可动摇的地位。由于齿轮在工业发展中的突出地位，齿轮被公认为工业化的一种象征。

截至 2011 年年末，我国轴承、齿轮、传动和驱动部件的制造工业企业达到 2319 家，行业总资产达到 2483.16 亿元，同比增长 20.59%。齿轮产业已成为中国机械通用零部件基础件领域的领军行业。

在开始之前先认识一下齿轮的结构、相关概念和公式，这些知识在后面的齿轮绘制中都会应用到。

　　分度圆：在齿轮计算中必须规定一个圆作为尺寸计算的基准圆，槽宽和齿厚相等的那个圆（不考虑齿侧间隙）就称为分度圆。其直径和半径分别用 D 和 R 表示。

　　齿厚：在任意半径的圆周上，一个轮齿两侧齿廓间的弧长，称为该圆上的齿厚。常用的是分度圆处的齿厚，用 S 表示。

　　齿距：相邻两齿同侧两齿廓间在某一圆上的弧长，称为该圆上的齿距，用 P 表示。在同一侧圆周上，齿距等于齿厚和齿槽宽之和。

　　基圆：一条直线在一个圆上纯滚动，则这条直线上的一个定点的轨迹为渐开线（即齿轮轮廓线），那么这个圆就叫基圆，直径用 D_b 表示。

　　齿轮结构如图 2-4 所示。

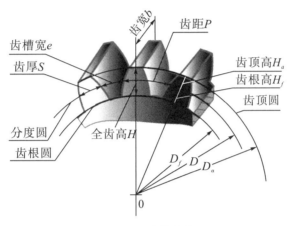

图 2-4　齿轮结构

齿轮作为机械传动产品中的常用零件，其尺寸数据见表 2-1。

表 2-1　齿轮基本参数

基本参数：模数 m、齿数 Z		
名　称	符　号	计算公式
齿距	P	$P = \pi m$
齿顶高	H_a	$H_a = m$
齿根高	H_f	$H_f = 1.25m$
全齿高	H	$H = 2.25m$
分度圆直径	D	$D = mZ$
齿顶圆直径	D_a	$D_a = m(Z+2)$
齿根圆直径	D_f	$D_f = m(Z-2.5)$
中心距	a	$a = \dfrac{1}{2}D_1 + \dfrac{1}{2}D_2 = \dfrac{1}{2}m\,(Z_1 + Z_2)$
基圆直径	D_b	$D_b = \cos\theta \cdot D$

2.4.2 绘制直齿圆柱齿轮

对于出图和用于运动模拟的用户，可以用简化的"渐开线"齿轮代替，这样不但可以大大缩短建模的时间，而且可以充分利用现有的计算机资源。在 SolidWorks 的 Toolbox 插件中就有齿轮模块，下面就具体介绍这种方法。

（1）首先在插件中打开 Toolbox 插件，出现插件面板功能选择菜单，如图 2-5 所示。点击"确定"就可以在右边的"任务窗格"设计库中找到目标选项了。

图 2-5　插件面板功能选择菜单

（2）如图 2-6 所示，选择 Gb 序列中的"动力传动"文件夹中的"齿轮"文件夹，就会出现 7 种类型的齿轮可供选择。选择"正齿轮"，右键弹出菜单中选择"生成零件…"，即可进入齿轮设计界面，如图 2-7 所示。

图 2-6　设计库

图 2-7　创建新零件

（3）配置零部件。

如图 2-8 所示，可以在配置零部件对话框添加各种参数的齿轮，对不同参数的齿轮可以进行设计和修改。如图 2-8 所示，添加零件号为 14，进行设计。设计参数设置如图 2-9 所示。

图 2-8　配置零部件　　　　　　图 2-9　设计参数设置

从图 2-9 中可以看出，除了设置齿轮的模块（模数）、齿数外，还可以设置分度圆的压力角、面宽、键槽等。属性所对应的结构详见图 2-10。

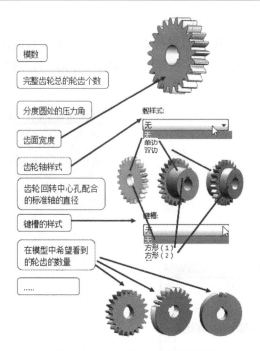

图 2-10　Toolbox 齿轮属性栏

按照图 2-9 设置的参数，生成齿数为 34、模块为 14 的齿轮零件效果图，如图 2-11所示。

图 2-11　设置后的正齿轮模型

（4）通过一系列的参数设置，我们就可以得到想要的齿轮了。如果还达不到要求，就可以在现有的齿轮基础上进行修改。如要孔板形式的齿轮，就可以用一个"旋转切除"命令来完成，效果如图 2-12 所示。

图 2-12　旋转切除后的正齿轮

"旋转切除"是 SolidWorks 软件的一个基本的草图特征。选取工作平面后，在工作平面中绘制如图 2-13 所示草图。

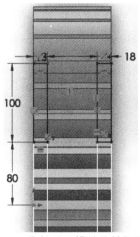

图 2-13　齿轮端面槽的旋转切除草图

旋转切除运行界面和效果如图 2-14 所示。

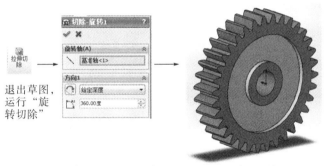

用默认设置进行切除　　　　切除后的效果

图 2-14　旋转切除运行界面和效果

（5）经过以上步骤，这个齿轮就差不多完成了。如果用户需要其他的齿轮形式，也可以做进一步修改。修改完以后就可以保存了。注意，这里建议用"另存为"，因为直接点击"保存"，系统会自动保存到 Toolbox 配置的路径中去，那样会添加不必要的麻烦。当然，如果用户就想保存到 Toolbox 的配置路径里，那么直接保存即可。

（6）在生成的齿轮零件上，继续做任何其他建模操作，如在零件上雕刻文字和贴图等。首先，在草图平面上绘制出文字定位线，如图 2-15 所示。

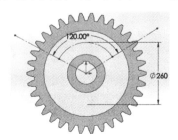

图 2-15　绘制文字定位线

在草图平面上利用"文字"功能按钮进行文字编辑，并设定好文字的间距，达到合适效果，如图 2-16 所示。

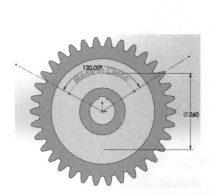

图 2-16　编辑文字

以文字作为拉伸对象，选择"拉伸凸台"和"拉伸切除"进行文字雕刻，分别获得浮雕和沉雕文字。最终效果如图 2-17 所示。

图 2-17　进行文字雕刻后的效果图

2.4.3　绘制双联齿轮

上一节中，我们介绍了利用三维建模软件 SolidWorks 中的插件 Toolbox 快速创建齿轮的操作，这种方法通过参数设置，能快速创建直齿齿轮、斜齿轮、圆锥齿轮和螺旋齿轮等。如果想创建双联齿轮或者多联齿轮，还需要绘制齿形，但利用插件 Toolbox 难以创建这类齿轮。

对于齿轮来说，建模的难点主要体现在齿形也就是齿廓曲线的生成上。生成齿廓曲线的方法可大致分为使用外部导入数据生成齿廓曲线、直接使用 SolidWorks 主程序生成齿廓曲线以及使用第三方软件生成齿廓曲线。

本节主要介绍直接使用 SolidWorks 主程序生成齿廓曲线的方法创建齿形。曲面生成渐开线也有很多种方法，比如曲面扫描、曲面放样等。这里只给大家介绍曲面放样生成渐开线，因为对于初学者来说这种方法比较容易理解。下面就介绍利用 SolidWorks 软件中的曲面放样功能生成渐开线。

（1）首先新建一个零件，使用前视基准进入草图绘制，在草图中心分别绘制直径为 100 mm 和任意尺寸的圆，如图 2-18 所示。注意，为了以后定位容易，可以将圆心和原点重合。

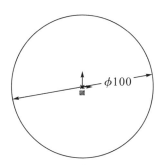

图 2-18 圆心和原点重合的圆（草图 1）

（2）使用草图 1 的基准面绘制一张新的草图，并绘制如图 2-19 所示的图形：中心线绘制水平直径，实线绘制竖直线并为其标注尺寸，尺寸的大小任意。接下来，按照渐开线的定义（向径等于其绕过的圆弧长度）为竖直线添加方程式"'D1@草图 2'= 'D1@草图 1'* pi/2"，方程式添加菜单"工具"→"方程式"。

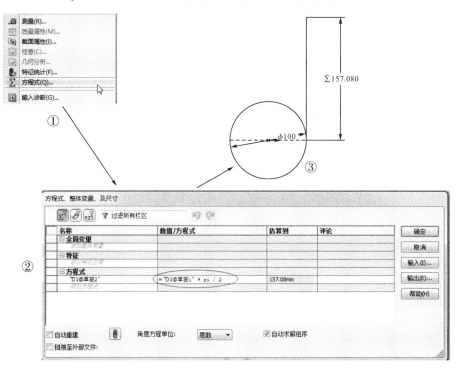

图 2-19 添加方程式（含草图 2）

（3）使用草图 1 和草图 2 的基准面再绘制一张新的草图，在这个草图中绘制一个半径与草图 1 中的圆一样大的半圆，并且圆心重合，圆弧的两点分别与圆的两个点重合，如图 2-20 所示。半圆的绘制过程中，采用水平直线截断圆周，利用草图工具栏中的"剪裁实体"命令，对圆弧不需要的部分进行"强劲剪裁"，也可采用"圆心/起/终点画圆弧"工具绘制半圆弧。

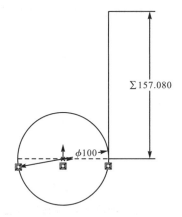

图 2-20　绘制渐开线基础半圆（草图 3）

（4）保存并退出上面的草图，然后还是使用上面的基准面绘制一个新的草图，这次的草图是绘制一个点，该点与图 2-21 中小圆圈处的点重合。确定后退出草图。

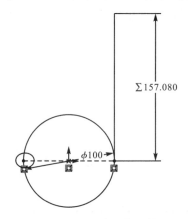

图 2-21　渐开线基准点（草图 4）

（5）这样，就得到了 4 张草图。通过这 4 张草图就可以放样出渐开线了。使用"插入"→"放样曲面"，并在"放样曲面"属性下的轮廓中选择草图 2（竖直线）和草图 4（草图点），在中心线参数中选择草图 3（半圆弧），单击确定，如图 2-22 所示。图中"中心线参数"的作用是：约束从放样的两个轮廓（草图 2 和草图 4）之间形成的中间轮廓都是"中心线参数"（草图 3）的法向。

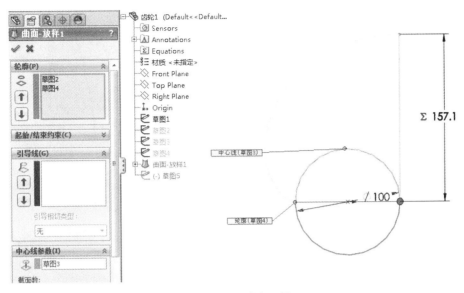

图 2-22　生成渐开线

（6）最后，简单检验一下绘制的渐开线是否符合要求。用上面的基准面进入草图，先绘制一段起点任意，与基圆同直径的弧线，并且圆心重合，通过约束定义圆弧起点与渐开线起点重合；再绘制一条起点为圆弧终点、斜向下的直线，通过约束定义其与圆弧相切、另一端点与渐开线重合。绘制好后，分别标注直线和圆弧的长度，并将这两个尺寸设置为"从动"。拖动直线与圆弧的重合点，在不同位置观察圆弧和直线的长度是否一致。

观察发现，现在基本上每个点都能够达到弧长和直线长相等。但是如果将小数点后的位数增加，就会发现几乎没有一个点是一样的。这是因为在 SolidWorks 中的放样线条都是用一段一段的短线段逼近的，这种精度齿形绘制方法能够满足产品展示需要。

如图 2-23 所示，为检查渐开线。

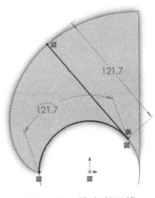

图 2-23　检查渐开线

（7）形成渐开线齿形。利用"转换实体引用"命令，将其他草图中的轮廓投影到草图平面中，利用投影线条创建草图中的几何元素。新建草图 5，利用"转换实体引用"

命令在草图 5 上生成投影曲线，如图 2-24 所示。

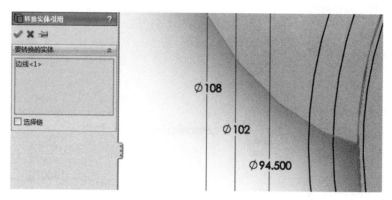

图 2-24 由渐开线生成齿廓（草图 5）

（8）形成完整的齿形。现在，我们可以绘制出基圆和一个方向的渐开线，即找到一个齿的中心，然后用草图镜像就可以生成对称的渐开线了。然后通过齿顶圆和齿根圆进行裁剪，再加入顶隙圆弧，就可以绘制出一个齿了。用绘制的这一个齿做圆周阵列，就能完成整个齿轮的绘制了。

创建的齿轮：模块为 3、齿数为 34、面宽为 20 mm、压力角为 20°的齿轮。

利用齿轮公式计算齿轮基本参数。

分度圆直径：$D=mZ=102$ mm。

基圆直径：$D_b=D\cos\theta=102\times\cos20°=95.848$ mm。

分度圆周长：$L_d=\pi D=320.28$ mm。

齿顶圆直径：$D_a=D+2H_a=108$ mm。

圆弧弧长：$L=L_d/(34\times4)=2.355$ mm。

齿根圆直径：$D_f=D-2.5m=94.5$ mm。

图 2-25 中，标出了齿轮的基本参数。

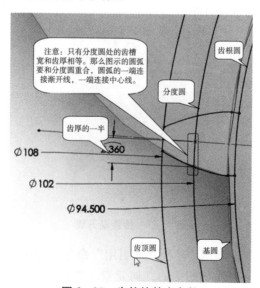

图 2-25 齿轮的基本参数

退出上面的草图，用"拉伸凸台"命令生成一个齿，齿顶、齿根加入修正圆角（齿顶 $R=0.1$，齿根 $R=0.5$），如图 2−26 所示。

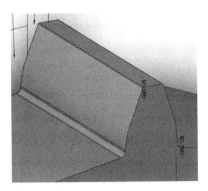

图 2−26　完整齿形

（9）利用"圆周阵列"生成完整的齿轮实体，如图 2−27 所示。

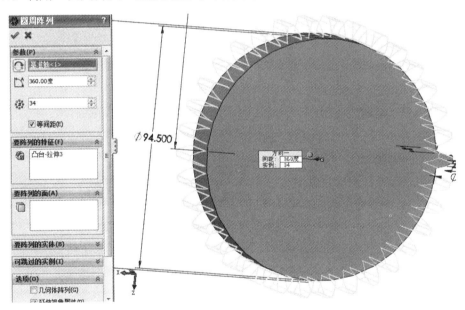

图 2−27　完整的齿轮实体

（10）双联齿轮是两个齿轮固连在同一根轴上，在机械产品中经常用于变速传递，是一种常见的齿轮产品。

固连轴长为 60 mm，直径为 40 mm。

固连在同一根轴上的齿轮参数：模块为 2，齿数为 25，压力角为 20°，齿厚为 30 mm。计算出齿轮的分度圆直径为 50 mm，基圆直径为 46.985 mm，齿顶圆直径为 54 mm，齿根圆直径为 45 mm。

在已经生成的零件表面上创建草图平面，进行另一个齿轮的实体创建。创建步骤如图 2−28 至图 2−30 所示。

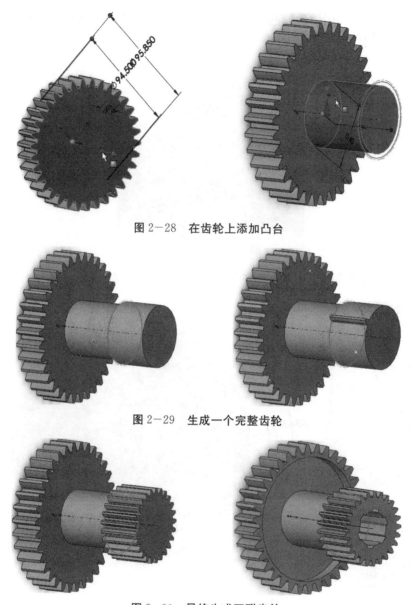

图2-28　在齿轮上添加凸台

图2-29　生成一个完整齿轮

图2-30　最终生成双联齿轮

2.5　Flash 软件简介

在概论中已介绍过,Flash 软件具有操作简单、功能强大、易学易用、浏览速度快等特点,受到广大动画设计人员的喜爱。在网页动画制作和多媒体课件制作方面,Flash 发挥了较强的优势。事实上,Flash 已经成为交互式矢量动画和 Web 动画的标准。网页设计者使用 Flash 能创建漂亮的、可改变尺寸的、极其紧密的导航界面、技术说明及其他奇特的效果。

2.5.1　Flash 制作展示动画的特点和优势

Flash 软件可以实现多种动画特效。动画都是由一帧帧的静态图片在短时间内连续播放而形成的视觉效果，是表现动态过程、阐明抽象原理的一种重要媒体。使用设计合理的动画，不仅有助于学科知识的表达和传播，使学习者加深对所学知识的理解，提高学习兴趣和教学效率，同时也能为课件增加生动的艺术效果，特别是对于以抽象教学内容为主的课程更具有特殊的应用意义。

1. "身材"纤细

Flash 采用的是流行的矢量技术，用它创作的作品，不但交互功能强大，动画效果丰富多彩，无级放大的矢量图还不会产生令人讨厌的锯齿，而且"身材"纤细，文件小。

2. 图文并茂

Flash 本身具有极其灵巧的图形绘制功能，更重要的是它不但能导入常见格式的图像（如文件扩展名为 .jpg、.gif 和 .bmp 等的图像），而且能导入专业级绘图工具（如Illustrator 等）绘制的图形，并能使其产生翻转、拉伸、擦除和歪斜等效果，还能利用套索工具或魔术棒工具在图像中选择颜色相同的区域并创建遮罩（Mask）；将图像打散分成许多单一的元素进行编辑，设置图形的属性（如产生平滑效果和质量无损压缩等）。Flash 可以处理自定义的字体及它的颜色、大小、间距、行距和缩进等的设置。在用Flash 制作的课件中，可以加入各种各样的标题和动态文本，它们的数据量非常小；还可以将特殊字体转换为图形，从而避免因客户端字体短缺造成作品输出时字体无法显示的尴尬。

3. "舞姿"优美

用 Flash 表现物体的运动和形状渐变非常容易，其发生过程完全自动生成，无需人为地在两个对象间插入关键帧。利用遮罩及路径可产生极好的动画效果。如果使用者的绘画技巧过硬，还可以绘制帧动画，让创意无限发挥。Flash 采用精灵动画的方式，可以随意创建动态按钮、多级弹出式菜单、复选框以及复杂的交互式字谜游戏。如果使用者熟悉 VB、JavaScript，那么 Flash 的精髓 Action 功能将带其进入一个"世外桃源"。

4. 声音处理灵活

Flash 支持同步 wav、aiff、mp3 格式的声音文件和声音的连接，可以用其中的声音编辑功能使同一主声道中的一部分来产生丰富的声音效果，而无需改变文件量的大小。

5. 网上运行方便

用 Flash 制作的动画极易上网发布、交流。Flash 还可以将制作的影片生成独立的可执行文件（.exe），在不具备 Flash 播放器的计算机平台上运行。因此，除制作网页、动画外，Flash 还大量应用于商业产品展示等。此外，在许多多媒体软件（如PowerPoint）内可以直接使用 Flash 制作的影片（.swf），无缝集成小巧的、漂亮的、可缩放的矢量图和动画，经旋转、缩放，动画质量毫无损失。

2.5.2　Flash CS5 动画的基本类型

1. 逐帧动画

逐帧动画是一种常见的动画形式（Frame By Frame），在 1907 年被一个无名技师发明，一时这种奇妙的方法在早期影片中大出风头。当时这种技术不被了解，后来被法国高蒙公司的艾米尔·科尔发现了这个秘诀后拍摄了很多动画片，其中的《小浮士德》是一部逐帧木偶动画，堪称逐帧动画的早期杰作。随着逐帧动画的日益完善，一系列经典作品相继出现。

逐帧动画的原理是在"连续的关键帧"中分解动画动作，也就是在时间轴的每帧上逐帧绘制不同的内容，使其连续播放而成为动画。因为逐帧动画的帧序列内容不一样，不但增加了制作量，而且最终输出的文件量也很大。但它的优势也很明显：灵活性强，几乎可以表现任何想表现的内容，且其与电影的播放模式类似，很适合于表现细腻的动画。例如，人物或动物急剧转身，头发及衣服的飘动，走路、说话，以及精致的 3D 效果，等等。

2. 运动补间动画

现实生活中的很多运动场景是复杂多变的，逐帧动画几乎能够实现生活中的各种动画制作。但是逐帧动画制作成本高，对制作人员绘画水平要求高，不利于动画制作的推广。对动画进行分析和分解发现，现实生活中的很多动画只是位置发生了变化，我们只用关心物体开始和结束的位置，计算机会在两个位置之间自动生成补充动画图形的显示变化，达到更流畅的动画效果，这就是运动补间动画。

运动补间动画是 Flash 动画中最常用的动画效果。制作运动补间动画时要求：被操作的对象必须位于同一个图层上且不能是形状（可以是文字、组件实体或组合），运动不能发生在多个对象之间。

3. 形状补间动画

形状补间动画是动画中的对象只在开始状态和结束状态发生了变化，中间的过程由计算机自动生成补充动画图形的显示变化。

形状补间动画主要用于文字或图形之间的变换。在制作形状补间动画时，需要注意其与运动补间动画正好相反，起止对象要求一定都是形状。判定形状的方法是用鼠标单击对象，若对象被斜波纹所覆盖则说明其是形状。如果该对象不是形状，则必须先选取该对象对其进行打散处理。

4. 引导路径动画

一个最基本的引导路径动画由两个图层组成，上面一层是引导层，下面一层是被引导层，同普通图层一样。在普通图层上点击时间轴面板的"添加引导层"按钮，该层的上面就会添加一个引导层，同时，该普通层缩进成为被引导层。

引导路径动画引导层和被引导层中的对象引导层是用来指示元件运行路径的，所以引导层中的内容可以是用钢笔、铅笔、线条、椭圆工具、矩形工具或画笔工具等绘制出的线段。而被引导层中的对象是跟着引导线走的，可以使用影片剪辑、图形元件、按钮、文字等，但不能应用形状。由于引导线是一种运动轨迹，不难想象，被引导层中最常用的动画形式是运动补间动画，当播放动画时，一个或数个元件将沿着运动路径移动。

5. 遮罩动画

在制作动画的过程中，有些效果用通常的方法很难实现，如手电筒、百叶窗、放大镜等效果以及一些文字特效。这时，就要用到遮罩动画了。创建遮罩动画需要用两个图层，一个是遮罩层，一个是被遮罩层。要创建动态效果，可以让遮罩层动起来。对于用作遮罩的填充形状，可以使用补间形状；对于文字对象、图形实例或影片剪辑，可以使用补间动画。当遮罩层移动时，它下面被遮罩的对象就像被灯光扫过一样，被灯光扫过的地方清晰可见，没有被扫过的地方将不可见。

2.5.3　动画制作基本步骤

动画制作同其他工程一样，都有自己的基本步骤，按照这种步骤，才能保证动画制作的质量和进度，减少犯错误的概率。Flash 动画制作的基本步骤大致分为以下六个。

1. 前期策划

在制作动画之前，应明确制作动画的目的、动画需达到什么样的效果和反响、动画的整体风格应该以什么为主及用什么形式将其体现出来。在制订了一套完整的方案后，就可以为要制作的动画做初步的策划，包括动画中出现的人物、背景、音乐以及动画剧情的设计、动画分镜头的制作手法和动画片段的过渡等构想。

2. 搜集素材

完成了前期策划之后，应开始对动画中所需素材进行搜集和整理。搜集素材时应注意不要盲目地搜集一大堆，而要根据前期策划的风格、目的和形式来有针对性地搜集，这样就能有效地节约制作时间。

3. 制作动画

制作动画中比较关键的步骤是制作 Flash 动画，前期策划和素材的搜集都是为了制作动画而做的准备。要将之前的想法完美地表现出来，就需要作者细致地制作。动画的最终效果很大程度上取决于动画的制作过程。

4. 后期调试与优化

动画制作完毕后，为了使整个动画看起来更加流畅、紧凑，必须对动画进行调试与优化。调试动画主要是针对动画对象的细节、分镜头和动画片段的衔接、声音与动画播放是否同步等进行的，以此保证动画作品的最终效果与质量。

5. 测试动画

制作与调试完动画后，应对动画的效果、品质等进行检测，即测试动画。因为每个用户的计算机软硬件配置不尽相同，而 Flash 动画的播放是通过计算机对动画中的各矢量图形、元件等的实时运算来实现的，所以在测试时应尽量在不同配置的计算机上进行。然后根据测试结果对动画进行调整和修改，使其在不同配置的计算机上均有很好的播放效果。

6. 发布动画

Flash 动画制作的最后一步是发布动画，用户可以对动画的格式、画面品质和声音等进行设置。在进行动画发布设置时，应根据动画的用途和使用环境等进行，以免增加文件的大小而影响动画的传输。

2.6　展示齿轮

企业产品展示是对真实产品的艺术表达，这是区别于一般动画的关键点。艺术表现可以夸张和超现实，但是企业产品却必须真实，所以在制作产品展示动画作品的过程中，需要对产品进行真实模型创建。所有机械商品，都有其设计图纸，随着三维建模软件的市场化，现在市面上出现的商品都有三维设计模型文档，对于这部分产品，我们可以直接将三维模型导入 Flash 中进行产品展示动画制作。

三维建模软件中创建的模型不是直接导入 Flash 的，而是通过不同分镜头拍下的位图图片来实现。这样不会泄漏企业商业机密，且能多维度展示产品性能和特征。下面以一个实例介绍说明如何将三维建模软件中创建的模型导入 Flash 进行产品展示。

2.6.1　舞台设置

舞台在 Flash 中又被称为场景，一般是指电影、戏剧作品中的各种场面，由人物活动和背景等构成。电影需要很多场景，并且每个场景的对象都可能不同。与拍电影一样，Flash 可以将多个场景中的动作组合成一个连贯的电影。编辑电影是从第一个场景开始的，场景的数量是没有限制的。

Flash 中可以有多个场景，在不同的场景中可以进行跳转，所以场景在一般 Flash 电影中是不可缺少的（至少要有一个场景）。当一段 Flash 电影包含多个场景时，播放器会在播放完第一个场景后自动播放下一个场景的内容，直至最后一个场景播放完。用户可以通过场景面板来完成对场景的添加/删除操作，并拖动其中各场景的排列顺序来改变播放的先后次序，如图 2-31 所示。

图 2-31　场景

　　Flash 动画中的演员和对象都放置在舞台中，播放影片时放置在舞台之外的演员和对象是看不见的。为此，制作动画前必须先确定舞台大小，舞台大小一经确定，在动画制作后期就不要随意改动，否则调整工作将会变得十分困难。

　　为了增强企业产品宣传力度，设计人员一般都会为产品展示设计一幅背景图片，将背景图片作为舞台背景，放置在图层上，设置舞台大小等同于设置图片大小。步骤如下：

　　（1）通过菜单"文件"→"导入"→"导入到舞台"，选中要导入的图片，将图片导入舞台中。

　　（2）在如图 2-32 所示的"文档设置"对话框中设置"匹配"为"内容"，系统将自动设置舞台大小为图片大小，并将图片设置为舞台居中。

　　重命名图层名称为背景，并锁定图层，如图 2-33 所示。

图 2-32　舞台设置

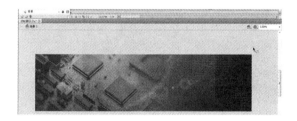

图 2-33　添加舞台背景

2.6.2　图形除背

　　导入 Flash 中的位图往往有背景，在使用时常常造成很大的不便，也不利于作品整体风格的设计。对于在 SolidWorks 中设计的齿轮，需要去掉图像中的背景。

　　（1）将除背齿轮导入"库"中，在"库"面板中单击"齿轮"图像名称，选中齿轮图像，将图像拖到场景中央，如图 2-34 所示。

图 2—34　拖放"库"面板中的位图齿轮

此时，对齿轮图像无法进行修改，因为 Flash 将导入的图像作为单个对象进行处理，要进行编辑修改，必须将位图分离。

（2）执行"修改"→"分离"命令，或按【Ctrl＋B】组合键将齿轮图像分离，被分离的图像呈点状显示，如图 2—35 所示。

图 2—35　分离后的齿轮

（3）选择工具箱中的"套索工具"，在工具箱的下端，单击"选项"中的"魔术棒设置"按钮，打开"魔术棒设置"对话框，在"阈值"中输入"20"，在"平滑"下拉菜单中选择"一般"选项，如图 2—36 所示，接着单击"确定"按钮。

图 2—36　"魔术棒设置"对话框

这里"阈值"用来定义在选取范围内，相邻像素色值的接近程度，其设置的数值越大，选取的范围越宽。可以输入的范围为 0～200，如果输入数值为 0，那么只有同所单击处像素色值完全一致的像素才会被选中。在有些图像处理软件中，如 Photoshop 中，这个值用"容差"来表示。

（4）关闭"魔术棒设置"对话框，按【Esc】键取消对图像的选择，接着选择"魔术棒工具"，单击图像背景，按【Delete】键删除选中的背景。重复上述操作，直到将所有不需要的背景删除。

（5）在显示图像比例的下拉菜单中放大显示比例，选择橡皮擦工具，在"橡皮擦形状"下拉菜单中选择一个较小的圆形橡皮擦，在"放大镜"放大舞台的情况下，将不干净的边缘小心地擦除，完成后的效果如图 2-37 所示。

图 2-37　去掉背景的齿轮

（6）将去掉背景的齿轮作为后面动画制作的素材。作为动画制作的素材，需要保存为"元件"。选中去掉背景的齿轮，点击菜单"修改"→"转换为元件"，或者点击快捷键【F8】，将选中的目标图形转换成元件，如图 2-38 所示。

图 2-38　将目标图形转换为元件

2.6.3　动画制作

动画的剧情安排：动画左侧"川大齿轮、实现共赢"两段文字轮显，同时展示 4 种齿轮。在时间安排上，每段文字与一种齿轮同时显示，同时退出舞台。所有动画均可采用运动补间来完成。

为了保证动画"演员"不混乱，每一图层放置一个"演员"进行动画制作。制作步骤如下：

（1）设置文本属性如图 2-39 所示，点击"文本工具"按钮，录入"川大齿轮"文本，文本属性为"传统文本"→"静态文本"，字体"华文琥珀"，大小设置为"44.0"，颜色为"白色"。

图 2-39　文本属性设置

（2）开始帧的文字位置放置在舞台左侧，文本剧情为从左侧飞入舞台指定位置，在飞入过程中，渐渐显示图像颜色。开始帧文本如图 2-40 所示。

图 2-40　开始帧文本

（3）在 80 帧处插入关键帧，并将该帧下的文本用方向键右移至舞台指定位置。结束帧文本如图 2-41 所示。

图 2-41　结束帧文本

（4）创建文字渐入效果。在"0~80"帧间，在右键弹出菜单单击"创建传统补间"选中开始帧舞台中的文本，点击"属性"控制面板，设置"色彩效果"→"样式"→"Alpha"值为 0。完成文字从舞台左侧以透明度为"0"开始飞入舞台，进入舞台后，透明度逐渐变成"100％"的过程。运动补间透明度设置如图 2-42 所示。

图 2-42　运动补间透明度设置

（5）创建齿轮渐入效果。文字从左侧渐入的同时，直齿圆柱齿轮从底部渐入舞台，考虑到齿轮与文字的同步性，两个"演员"所占用的帧数完全相同。考虑到齿轮进入舞台后，让齿轮在舞台上展示 10 帧时间，故齿轮渐入的帧数设定为 70 帧。时间轴控制面板如图 2-43 所示。

图 2-43　"直齿圆柱齿轮"时间轴控制面板

（6）用相同办法创建余下齿轮和文本动画，最后得到的动画时间轴如图 2-44 所示。

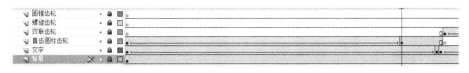

图 2-44　最终动画时间轴控制面板

第3章 二维建筑图形的设计及平面图像处理

3.1 教学目的

通过案例学习，初步掌握使用 Autodesk 公司的绘图软件绘制二维图形的基本方法，并将绘制的图形输出，导入 Adobe 公司的图形处理软件 Photoshop 及 Illustrator 中进行编辑、合成，达到最终要求。

3.2 二维建筑平面图绘制

如图 3－1 所示，为用 AutoCAD 绘制的二维建筑总图。本节将以实例，讲解 AutoCAD 的基本操作、对象绘制和对象编辑等内容。

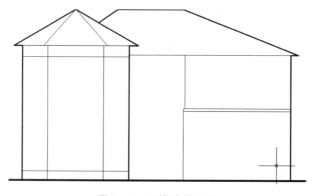

图 3-1 二维建筑总图

3.2.1 AutoCAD 基本操作

1. 界面设置

（1）启动 AutoCAD 2014，进入软件初始界面（图 3－2）。

图 3-2　AutoCAD 初始界面

（2）点击左上角工作空间工具栏右边的下拉列表小三角，由"草图与注释"（图 3-3）切换到"AutoCAD 经典"（图 3-4）。

图 3-3　草图与注释

图 3-4　AutoCAD 经典

（3）关闭绘图区域中弹出的两个工具栏，界面如图 3-5 所示。

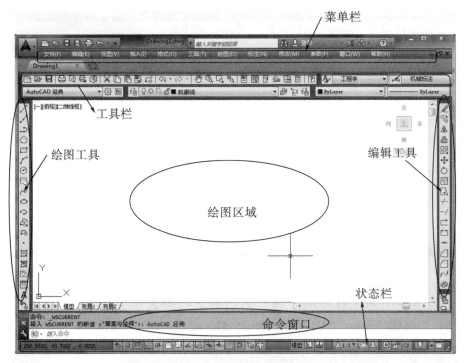

图 3-5 AutoCAD 经典界面

（4）命令窗口（命令行）有两种状态：等待键入命令状态和正在执行命令状态（图 3-6）。

图 3-6 命令窗口的两种状态

（5）文本窗口。第二个键入 AutoCAD 命令并得到命令提示与相关信息的窗口，里面的内容与命令窗口中的一样，但文本窗口比命令窗口大，观察起来比较方便。文本窗口最初不可见，可用功能键【F2】打开或关闭。在执行某些命令的时候（如 List 列表命令），会自动打开文本窗口，以便查看查询的信息。有了文本窗口，使用者可以方便地在文本窗口和剪贴板之间剪切、粘贴文字。

（6）AutoCAD 中命令的调用方法主要有三种：①通过菜单栏（包含几乎所有的命令，命令较多，但需下拉层层菜单，略显麻烦）；②通过工具栏（包含最常用的命令，命令量最少，但使用最方便）；③通过命令窗口输入命令名，此方式可囊括 AutoCAD 中全部的命令，操作最为快捷，但不易记忆。

（7）AutoCAD 命令的使用。

①命令中的符号：［ ］——选项，用"/"隔开；（ ）——相应选项调用方法；< >——默认值或上次用值，直接回车可使用。

②重复执行命令：如果要重复执行刚执行过的命令，可用回车键或空格键；如果要重复执行前面执行过的命令，则可对着绘图区域或命令窗口右击鼠标，在快捷菜单中选择"最近的输入/近期使用的命令"，找到前面执行过的命令执行。

③退出正在执行的命令：【Esc】。

④取消已执行的命令："撤销"按钮、U/UNDO、"放弃"选项。

（8）绘图区域里有两个元素：①十字光标，是 AutoCAD 中特殊的光标形式，用于选择对象，调用菜单、工具栏等操作；②坐标系统，用来精确确定图形元素的位置，输入点坐标。

2. 新建文件以绘制图形

（1）程序启动后，如果需要绘制新图形，则需执行菜单栏命令："文件"→"新建"→"选择样板"对话框→"acadiso.dwt"→"打开"，建立一张新图纸（图 3-7、图 3-8）。

图 3-7　新建文件

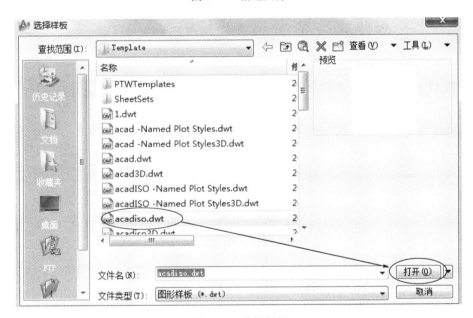

图 3-8　选择样板

（2）设置栅格显示：按图 3-9~图 3-12 设置完成后，就可使后续设置的图形界限的范围以栅格的方式显示在绘图区域中。

图 3-9　栅格显示按钮

图 3—10　栅格设置快捷菜单

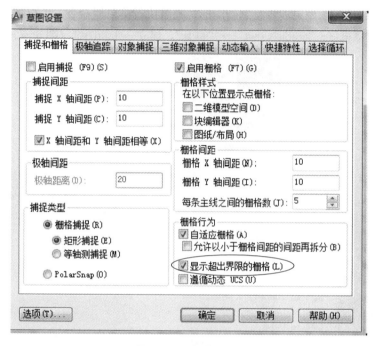

图 3—11　栅格设置

图 3—12　取消显示超出界限的栅格

（3）根据手工绘图所需图纸大小，设置电子图纸大小："格式"→"图形界限"→输入图纸左下角点的坐标及右上角点的坐标（按命令行提示输入），如图 3—13 所示。

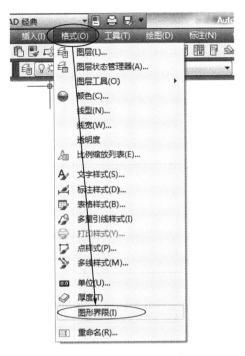

图 3-13　调用图形界限命令

命令行显示如下：（黑色字体表示键盘输入的内容，适用于本章内容）

命令：′_ **limits**

重新设置模型空间界限：

指定左下角点或 ［开（ON）/关（OFF）］<0.0000，0.0000>：**0，0**✓（✓代表回车键）

指定右上角点 <420.0000，297.0000>：**200，100**✓（假定图形长 200、宽 100）

注：上面的点的坐标输入方式是所谓的绝对直角坐标输入方式，即点的坐标由 x，y 值两个部分构成，坐标原点由新建图形中的 xOy 坐标系的位置确定，点的两个坐标值之间由半角的逗号分开。如：一个点的坐标是 x 方向为 10，y 方向为 -20，则此点的绝对直角坐标输入为 (10，-20)。

（4）坐标输入方法。

在 AutoCAD 的二维图形绘制过程中，点的坐标输入的方法通常有以下两种：

①直角坐标——绝对直角坐标（表示为 x，y）和相对直角坐标（表示为 @x，y）。

②极坐标——绝对极坐标（表示为 1<α）和相对极坐标（表示为 @1<α）。

用两种坐标输入法绘图如图 3-14 所示。

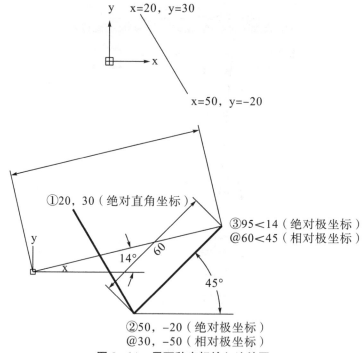

图 3—14　用两种坐标输入法绘图

先设置图形界限：

命令：´_ limits

重新设置模型空间界限：

指定左下角点或［开（ON）/关（OFF）］<0.0000，0.0000>：**10，−30**↙

指定右上角点 <400.0000，200.0000>：**100，30**↙

执行"全部缩放"命令后，得到图 3—15。

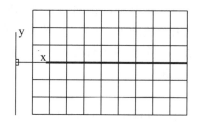

图 3—15　初始设置图

操作过程：（两种方法画）（图 3—16）

第一种画法：

命令：_ line

指定第一个点：**20，30**↙

指定下一点或［放弃（U）］：**50，−20**↙

指定下一点或［放弃（U）］：**95<14**↙

指定下一点或［闭合（C）/放弃（U）］：↙

第二种画法：

命令：_ line

指定第一个点：**20，30**✓

指定下一点或［放弃（U）］：**@30，−50**✓

指定下一点或［放弃（U）］：**@60＜45**✓

指定下一点或［闭合（C）/放弃（U）］：✓

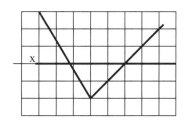

图 3－16　最终结果图

（5）图纸大小（即图形界限）设置好以后，执行"视图"→"缩放"→"全部"，把图纸范围缩放到最大，以便于画图。

3．对象选择及缩放方法

（1）对象选择的方法有很多，这里介绍最基本的三种方法：

①鼠标点选——直接用鼠标点击的方式来选择对象，可以逐次选择多个对象，取消选择其中的一个对象，则需要按住【Shift】键。

②窗口选择——用鼠标定义一个窗口来选择对象，完全包含在窗口内的对象被选中。定义窗口的方法是：用鼠标分别点击要定义窗口的左上角和右下角的点，形成选择窗口。

③窗交选择——同样定义一个窗口来选择对象，完全包含在窗口内以及与窗口相交的对象被选中。这时定义窗口的方法与窗口选择方向相反：用鼠标分别点击要定义窗口的右下角和左上角的点，形成窗交选择方式。

（2）进行对象缩放与平移，可以使用菜单栏及工具栏上的命令，最快捷的方法是向外滚动鼠标滚轮即是放大，向内滚动鼠标滚轮即是缩小，按住鼠标左键移动即为平移。

4．AutoCAD 中的图层

（1）图层的含义和作用。

图层是 AutoCAD 中用来帮助组织图形中信息的最主要的工具。图层是指把一张图纸上的对象分布在不同的层，以便指定对象的属性以及方便地管理同类型的对象。

图层就像若干张画有图形的透明纸，叠在一起就构成了一幅完整的图形。

（2）图层的特点。

图层的数量不受限制，可根据作图需要创建任意数量的图层；而在绘制图形对象的时候，在某个图层上的对象会具备此图层的特性（如线型、线宽、颜色等）；不同图层的坐标系是相同的，这样就可保证图形显示时各图层上的对象不会错位；使用者通常把不同性质的对象画在不同图层上，以便于控制对象的显示和修改。

（3）用图层绘图的优势。

对不同图层上的对象设置不同的颜色等特性，可提高绘图的清晰度；使用者还可以通过关闭或"冻结"图层来提高绘图的效率；此外，对于不同的图形要求，使用者可以采用单独显示一个或多个图层的方法，以适应不同的应用要求。再就是根据对象的特性来指定图层的名称，便于识别不同特性的对象。

（4）图层的状态。

图层有四种状态：打开/关闭、冻结/解冻、锁定和解锁、打印/不打印。

①打开/关闭图层。

图层关闭时，图层上的对象不可见、不重生成、不可编辑、不可打印。

②冻结/解冻图层。

图层冻结时，图层上的对象不可见、要重生成、不可编辑、不可打印。冻结/解冻图层导致重新生成图形，因此比打开/关闭图层需要的时间更长。

③锁定和解锁图层。

锁定图层上的对象可见但不可进行编辑和修改，因此锁定图层可以有效地防止误操作；而且该图层上的对象也不能选定，从而使得对其他层上的选择更容易。

虽然在锁定图层上的对象既不能编辑修改，也不能选择，但使用者却可以在此锁定图层上添加对象以及改变锁定层的颜色和线型。

④打印/不打印图层。

可设置图层上的对象是否可打印。

（5）设置图层的颜色、线型和线宽。

在 AutoCAD 中，使用者可通过图层特性管理器来设置图层的颜色、线型、线宽以及图层的状态，在对象特性工具栏上设置对象特性是否随层（通常我们把对象特性设置为随层），如图 3-17～图 3-20 所示。

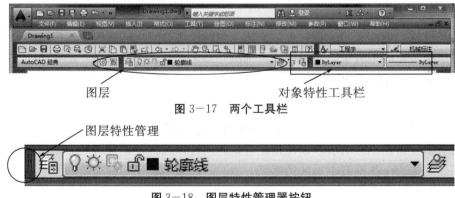

图 3-17　两个工具栏

图 3-18　图层特性管理器按钮

图 3-19　图层设置

对象特性——全部设置为随层

图 3-20　对象特性设置

3.2.2　AutoCAD 对象绘制

在 AutoCAD 中绘制对象时，常常要用到三个功能：极轴追踪、对象捕捉和对象捕捉追踪。

1. 极 轴 追 踪

启用并设置极轴追踪功能后，可针对图中某一对象点，产生极轴矢量追踪线，在此追踪线方向下，可通过输入距离绘制出某个指定角度的直线，如图 3-21 所示。

极轴追踪按钮（亮显打开，暗显关闭）

图 3-21　打开极轴追踪

（1）调出对话框进行设置：右击"极轴追踪"按钮，出现对话框，可进行极轴角设置（图 3-22）。

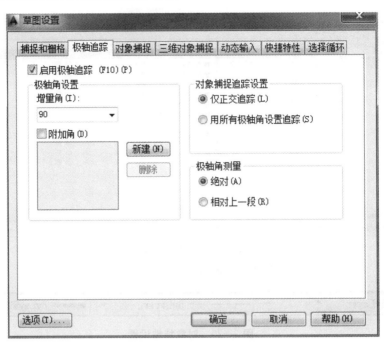

图 3-22　设置极轴追踪

（2）两种角度设置方法：增量角（可追踪的角度为此角度的倍数）和附加角（只能追踪到此角度）。

（3）比如设置增量角为 30°，附加角为 27°，则可在 0°，30°，60°，90°，…，以及 27°方向产生追踪线（图 3-23~图 3-26）。

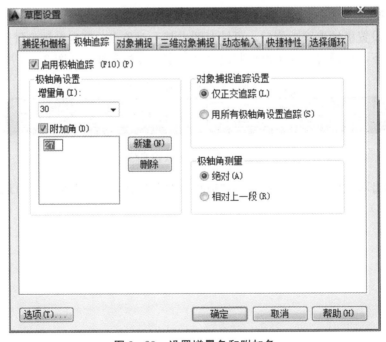

图 3-23　设置增量角和附加角

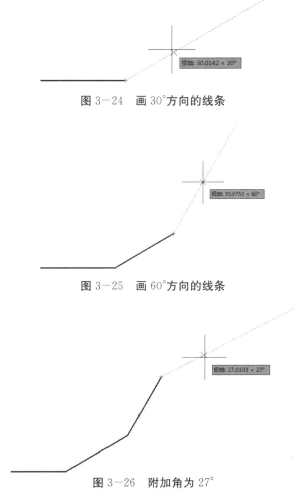

图 3—24　画 30°方向的线条

图 3—25　画 60°方向的线条

图 3—26　附加角为 27°

（4）当出现追踪线后，直接在键盘上输入距离，就可画出指定方向上的直线。

2．对象捕捉

对象捕捉功能可使得使用者在绘制图形时在已有的对象上捕捉到其在对象捕捉功能中设置的点，比如已有对象的中点、端点、圆心等特殊点，如图 3—27 所示。

对象捕捉按钮（亮显打开，暗显关闭）

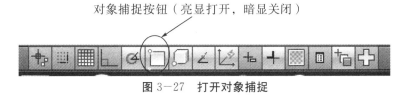

图 3—27　打开对象捕捉

设置捕捉就是在想捕捉的点前面画钩。如图 3—28 的设置，画图的时候，在相应的点上就有相关的显示，当显示出现的时候，点击鼠标，就可准确捕捉到那一点，比如圆心、端点，如图 3—29～图 3—31 所示。

右击，设置

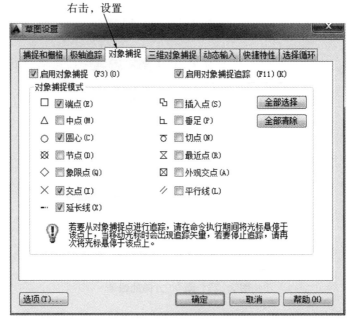

图 3-28　对象捕捉设置

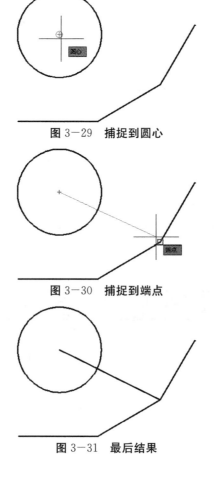

图 3-29　捕捉到圆心

图 3-30　捕捉到端点

图 3-31　最后结果

3. 对象捕捉追踪

对象捕捉追踪是基于对象捕捉和极轴追踪的，即在对象捕捉能捕捉到的点上，产生极轴追踪所设置的角度方向的追踪线。沿着追踪线输入距离，即可得到离捕捉点的追踪线方向一定距离的点的位置，或者得到两条追踪线的交点位置。

在设置的时候，既要设置极轴追踪的角度，又要设置对象捕捉的点。在启用的时候，既要启用极轴追踪，也要启用对象捕捉，还要启用对象捕捉追踪（图 3－32、图 3－33）。

图 3－32　打开对象捕捉追踪

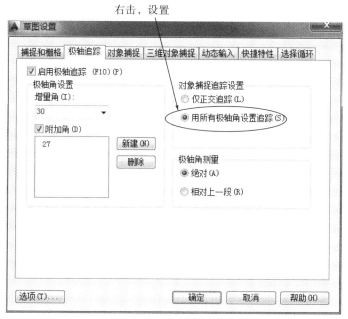

图 3－33　对象捕捉追踪设置

3.2.3　AutoCAD 对象编辑

AutoCAD 里面的图形编辑方法有许多，主要是复制、移动、偏移、剪切/延伸、镜像及夹点操作，每个命令都有它的特点，可根据命令行提示并加上软件帮助，在操作过程中逐步学习掌握。

按快捷键【F1】，可调出帮助。然后在搜索栏搜索想学习的命令或想进行的操作，即可学到命令的使用方法（图 3－34）。

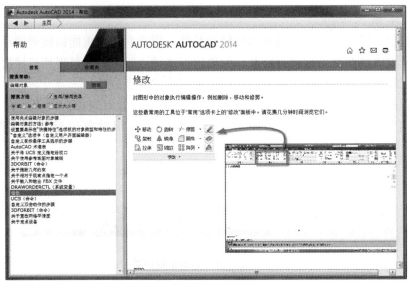

图 3—34　调出帮助

3.2.4　绘制房屋立面图并生成 PDF 文件

如图 3—35 所示，是我们要绘制的房屋立面图尺寸。接下来，我们就按照下面的步骤，一步一步地完成图形绘制。

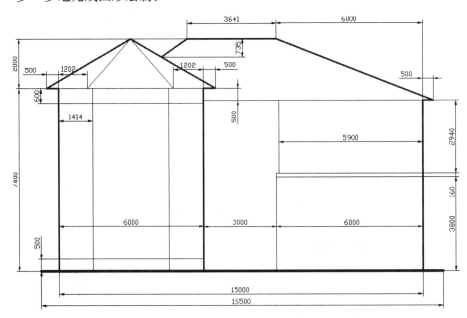

图 3—35　房屋立面图尺寸

（1）本节的实例图形，大致的大小为 20000 mm×14000 mm，故根据前面所讲方法新建文件后，设置图形界限为：左下角的点为（0，0），右上角的点为（20000，14000），点击"全部缩放"按钮后，得到图 3—36。

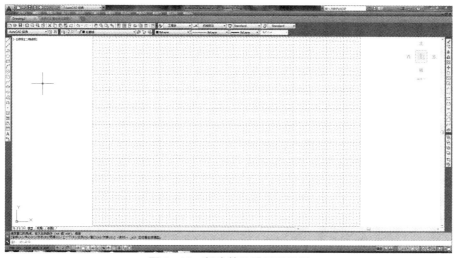

图 3-36　**新建并设置图形界限**

命令：′_ **limits**

重新设置模型空间界限：

指定左下角点或［开（ON）/关（OFF）］<0.0000，0.0000>： ↙

指定右上角点 <400.0000，200.0000>：**20000，14000**↙

（2）打开图层特性管理器，创建图层，如图 3-37 所示。

图 3-37　**创建图层**

（3）当前图层设置为轮廓线层，调用直线命令画最下面一条直线：在工具栏上点击
"直线"按钮，在图形界限所确定的区域内左下角点击得到直线的第一点，然后启用极
轴追踪功能，追踪到 0°方向，输入直线距离 16500，得到图 3-38。

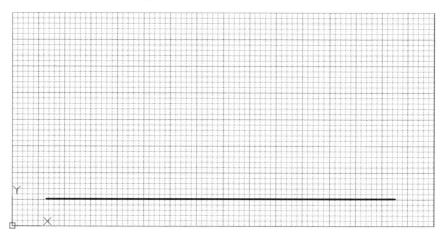

图 3-38　**绘制水平线**

（4）关闭栅格显示，按【回车】，再次调用直线命令，捕捉左侧端点，用对象捕捉追踪方式，水平追踪750，极轴追踪90°，画长度为7400的直线（图3-39）。

图3-39 绘制竖直线

（5）调用偏移命令"⬚"（或者调用菜单命令："修改/偏移"），将偏移对象的图层选项设置为"当前"，即在命令提示中选择"图层"，然后选择"当前"，输入偏移距离6000，选择长度为7400的直线的右侧，得到另一条长度为7400的直线；同样操作，画出另一条竖直的粗实线（图3-40）。

图3-40 绘制两条竖直粗实线

命令：_ offset

当前设置：删除源＝否　图层＝源　OFFSETGAPTYPE＝0

指定偏移距离或［通过（T）/删除（E）/图层（L）］＜通过＞：**L↙**

输入偏移对象的图层选项［当前（C）/源（S）］＜源＞：**C↙**

指定偏移距离或［通过（T）/删除（E）/图层（L）］＜通过＞：**6000↙**

选择要偏移的对象，或［退出（E）/放弃（U）］＜退出＞：（选择左侧第一条竖直线）

指定要偏移的那一侧上的点，或［退出（E）/多个（M）/放弃（U）］＜退出＞：（点击所选线条的右侧）

选择要偏移的对象，或［退出（E）/放弃（U）］＜退出＞：↙

命令：**OFFSET**

当前设置：删除源＝否　图层＝源　OFFSETGAPTYPE＝0

指定偏移距离或［通过（T）/删除（E）/图层（L）］<6000.0000>：**9000**↙

选择要偏移的对象，或［退出（E）/放弃（U）］<退出>：（选择上面刚刚画好的线条）

指定要偏移的那一侧上的点，或［退出（E）/多个（M）/放弃（U）］<退出>：（点击该线条的右侧）

选择要偏移的对象，或［退出（E）/放弃（U）］<退出>：↙

（6）将当前图层设置为细实线层，调用偏移命令，画出几条竖直的细实线（图 3-41）。

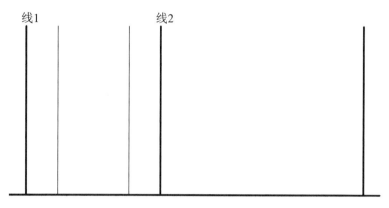

图 3-41　绘制两条竖直细实线

命令：**_ offset**

当前设置：删除源＝否　图层＝当前　OFFSETGAPTYPE=0

指定偏移距离或［通过（T）/删除（E）/图层（L）］<9000.0000>：**1414**↙

选择要偏移的对象，或［退出（E）/放弃（U）］<退出>：（选择线条 1）

指定要偏移的那一侧上的点，或［退出（E）/多个（M）/放弃（U）］<退出>：（点击线条 1 右侧）

选择要偏移的对象，或［退出（E）/放弃（U）］<退出>：（选择线条 2）

指定要偏移的那一侧上的点，或［退出（E）/多个（M）/放弃（U）］<退出>：（点击线条 2 左侧）

选择要偏移的对象，或［退出（E）/放弃（U）］<退出>：

再偏移，画另外几条竖线，多余的长度留着横线画好后来修剪。

命令：**_ offset**

当前设置：删除源＝否　图层＝当前　OFFSETGAPTYPE=0

指定偏移距离或［通过（T）/删除（E）/图层（L）］<1414.0000>：**6000**↙

选择要偏移的对象，或［退出（E）/放弃（U）］<退出>：（选择线条 3）

指定要偏移的那一侧上的点，或［退出（E）/多个（M）/放弃（U）］<退出>：（点击线条 3 左侧）

选择要偏移的对象，或［退出（E）/放弃（U）］<退出>：↙

通过以上命令绘制出的细竖实线如图3-42所示。

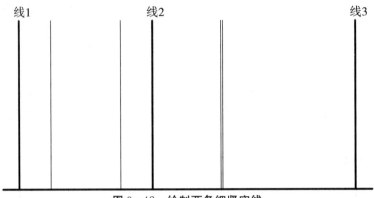

图3-42　绘制两条细竖实线

命令：**OFFSET**

当前设置：*删除源＝否　图层＝当前　OFFSETGAPTYPE＝0*

指定偏移距离或［通过（T）/删除（E）/图层（L）］＜6000.0000＞：**5900**↙

选择要偏移的对象，或［退出（E）/放弃（U）］＜退出＞：（选择线条2）

指定要偏移的那一侧上的点，或［退出（E）/多个（M）/放弃（U）］＜退出＞：（点击线条3左侧）

选择要偏移的对象，或［退出（E）/放弃（U）］＜退出＞：↙

（7）绘制水平方向的直线，仍然可以用偏移命令来实现。

命令：**_ offset**

当前设置：*删除源＝否　图层＝当前　OFFSETGAPTYPE＝0*

指定偏移距离或［通过（T）/删除（E）/图层（L）］＜5900.0000＞：**3800**↙

选择要偏移的对象，或［退出（E）/放弃（U）］＜退出＞：（选择1）

指定要偏移的那一侧上的点，或［退出（E）/多个（M）/放弃（U）］＜退出＞：（点击上侧）

选择要偏移的对象，或［退出（E）/放弃（U）］＜退出＞：↙

命令：**OFFSET**

当前设置：*删除源＝否　图层＝当前　OFFSETGAPTYPE＝0*

指定偏移距离或［通过（T）/删除（E）/图层（L）］＜3800.0000＞：**160**↙

选择要偏移的对象，或［退出（E）/放弃（U）］＜退出＞：（选择2）

指定要偏移的那一侧上的点，或［退出（E）/多个（M）/放弃（U）］＜退出＞：（点击上侧）

选择要偏移的对象，或［退出（E）/放弃（U）］＜退出＞：↙

命令：**OFFSET**

当前设置：*删除源＝否　图层＝当前　OFFSETGAPTYPE＝0*

指定偏移距离或［通过（T）/删除（E）/图层（L）］＜160.0000＞：**2940**↙

选择要偏移的对象，或［退出（E）/放弃（U）］＜退出＞：（选择3）

指定要偏移的那一侧上的点，或［退出（E）/多个（M）/放弃（U）］＜退出＞：

（点击上侧）

选择要偏移的对象，或［退出（E）/放弃（U）］＜退出＞：↙

经命令绘制出的水平细实线如图 3－43 所示。

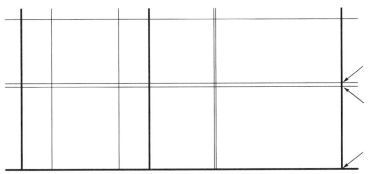

图 3－43　绘制三条水平细实线

（8）修剪图 3－43 中多余的线条。调用修剪命令"<u>二</u>"（或者调用菜单命令："修改/修剪"），修剪后的图形如图 3－44 所示。

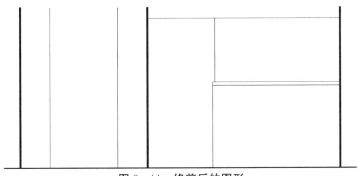

图 3－44　修剪后的图形

（9）直线命令，水平连接线条 1 和线条 2，再用偏移命令做三个偏移：刚刚画的那条线向下偏移 600，向上偏移 2000，最下面那条线向上偏移 500（图 3－45），再做修剪（图 3－46）。

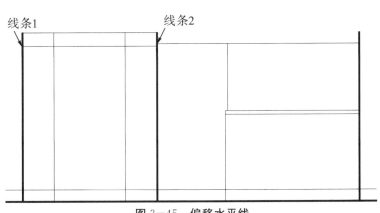

图 3－45　偏移水平线

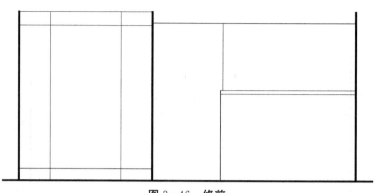

图 3-46 修剪

（10）设置当前图层为粗实线层，用直线命令，通过极轴追踪，画水平方向的屋檐（图 3-47）。

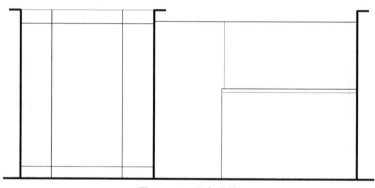

图 3-47 画出屋檐

（11）画左侧屋顶，用直线命令，捕捉最上面一条水平线的中点，连接两侧屋檐；切换到轮廓线层，利用对象捕捉追踪，画中间两条斜线（图 3-48）。

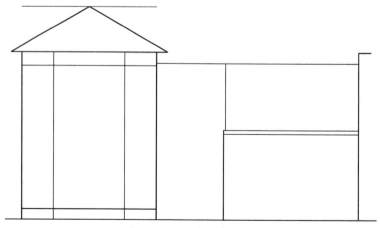

图 3-48 画出左侧屋顶

（12）画出右侧屋顶：选择左侧屋顶上的水平细线，利用夹点命令，将此线条拉伸到右侧屋顶上，并用偏移命令，向下偏移 735；再调用偏移命令，将最右侧的墙体竖线向左偏移 6000，同上，拉伸到屋顶位置（图 3－49）。

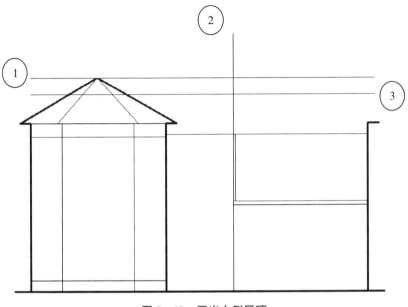

图 3－49　画出右侧屋顶

（13）当前图层切换到轮廓线层，画右侧屋顶，并删除三条辅助线（图 3－49 中的①②③），得到最终结果图（图 3－50）。

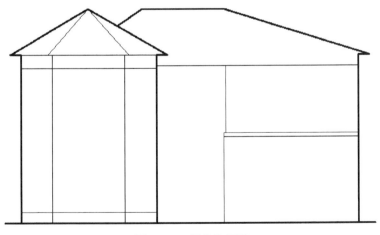

图 3－50　最终结果图

（14）将画好的图形输出为 PDF 格式文件：调用菜单"文件"→"打印"，如图 3－51所示，进行打印设置，就可输出为 PDF 格式的文件（图 3－52、图 3－53）。

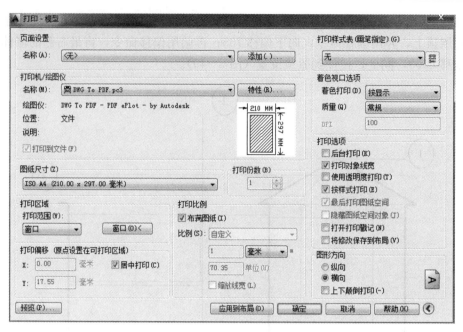

图 3-51 打印设置

图 3-52 文件命名

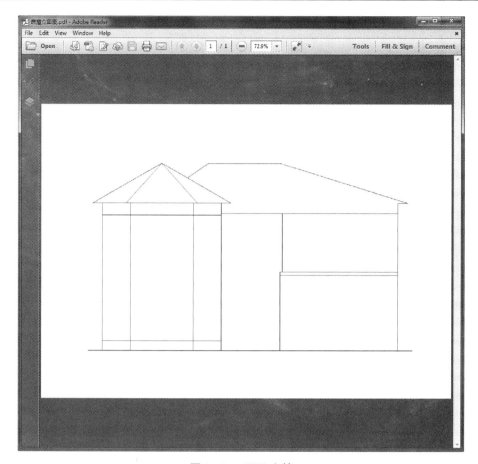

图 3—53　PDF 文档

3.3　建筑效果图在 Photoshop 中的后期处理

Photoshop 是建筑表现中进行后期处理使用的很重要的工具之一。模型是骨骼，渲染是皮肤，而后期就是服饰，一张图的好与坏往往和后期有着很直接的关系。

制作效果图时，前期的模型创建与灯光材质以及渲染是 Photoshop 无法完成的，这些工作需要在三维软件中完成。建筑行业中最常用的三维软件是 3DS Max。而三维软件在处理效果图的环境氛围和制作真实的配景方面又有些力不从心，使用 Photoshop 就可以轻松地完成此类任务。因此，设计师一般都是将 3DS Max 中渲染输出的建筑场景放到 Photoshop 软件中，用 Photoshop 最基本的工具将配景素材与渲染输出的建筑场景进行合成，例如天空、草地、树木和人物等素材都可以直接使用 Photoshop 进行处理。这个后期加工的过程就是效果图后期处理，Photoshop 是后期处理最常用的软件之一。另外，使用 Photoshop 可以轻松地调整画面的整体色调，从而把握画面整体的协调性，使场景看起来更加真实。

从电脑效果图的制作流程可以看出，Photoshop 的后期处理在整个建筑效果图中起着非常重要的作用。三维软件所做的工作只不过是给设计师提供一个可供 Photoshop 修改的"毛坯"，只有经过 Photoshop 的处理，才能得到一个逼真的场景，因此它绝不亚于前期的建模工具。

室外效果图处理的关键是添加各种相应的配景，比如树木、花草、车、人等，以此来丰富画面的内容，使其更加接近于现实。总结 Photoshop 在建筑效果后期处理中的具体应用，有以下几个。

（1）调整图像的色彩和色调。

调整图像的色彩和色调，主要是指使用 Photoshop 的"亮度/对比度""色相/饱和度""曲线""色彩平衡"等色彩调整命令对图像进行调整，以得到图像更加清晰、色彩色调更加协调的图像。

（2）添加配景。

添加配景就是根据场景的实际情况，添加一些合适的树木、人物、天空等真实的素材。

（3）制作特殊效果。

在一些情况下，需要制作特殊效果，比如制作光晕、阳光照射效果，绘制喷泉，将图处理成雨景、雪景等效果，以满足一些特殊效果需求。

接下来，简单介绍一下 Photoshop 对图像处理的一些基本操作。

3.3.1　图层和图层的基本操作

图层是 Photoshop 软件中很重要的一部分，是学习 Photoshop 必须掌握的基础概念。那么究竟什么是图层呢？它又有什么意义和作用呢？

简单地讲，图层是一张一张相互独立的透明纸，在每一个图层的相应位置创建组成图像的一部分，将所有图层叠放在一起，就合成了一幅完整的图像。我们可以修改每一个图层中的图像，而不影响其他的图层，这种工作方式将极大地提高后期修改的便利度。

接下来分别介绍图层的编辑和基本操作。

1．图层面板和菜单

图层面板是进行图层编辑操作时必不可少的工具，它显示当前图像的图层信息，使用者可以调节图层的叠放顺序、图层不透明度以及图层混合模式等参数。当图层少时体会不到图层的作用，当作复杂图时，图层的作用往往举足轻重。

（1）图层面板。

显示 Layers（图层）面板，单击 Window/layers（窗口/面板）命令或者按下【F7】键，出现 Layers 面板。

①图层名称：每一个图层都可以取不同的名称以便区分。如果在建立图层时没有命名，Photoshop 会自动依序命名为 layers1、layers2，以此类推。

②预览缩略图：在图层名称的左侧有一个预览缩略图，其中显示的是当前图层中图

像的缩略图，通过它可以迅速辨识每一个图层。

③眼睛图标：用于显示或隐藏图层。

④当前图层：在 Layers 面板中以蓝颜色显示的图层，表示正在被用户修改，所以称为当前图层。

⑤图层链接：当框中出现链条形图标时，表示这一图层与当前图层链接在一起，因此可以与当前图层同时进行移动、旋转和变换等。

⑥创建图层组：单击此按钮可以创建一个新集合。

⑦创建填充图层/调整图层：单击此按钮可以打开一个菜单，从中创建一个填充图层或调整图层。

⑧创建新图层：单击此按钮可以建立一个新图层。

⑨删除当前图层：单击此按钮可删除当前所选图层，或者用鼠标将图层拖动到该按钮上也可以删除图层。

⑩添加图层蒙版：单击此按钮可建立一个图层蒙版。

⑪添加图层效果：单击此按钮可以打开一个菜单，从中选择一种图层效果以应用于当前所选图层。

⑫不透明度：用于设置每一个图层的不透明度，当切换作用图层时，不透明度显示也会随之切换为当前作用图层的设置值。

⑬色彩混合模式：在此列表框中可以选择不同色彩混合模式来决定这一图层图像与其他图层叠合在一起的效果。

⑭锁定：在此选项组中指定要锁定的图层内容。

（2）用菜单操作图层。

图层面板和图层菜单的内容基本相似，只是侧重略有不同：前者偏向控制层与层之间的关系，而后者侧重设置特定层的属性。除了图层面板和图层菜单之外，还可以使用快捷菜单完成图层操作。

2. 图层编辑操作

（1）新建图层组。

若内存或磁盘空间允许的话，Photoshop 允许在一幅图像中创建将近 8000 个图层，而在一个图像中创建了数十个或上百个图层之后，对图层的管理就变得很困难了。所以从 Photoshop 6.0 开始，新增了图层组（SET），其功能就是为了协助进行图层管理的。使用图层组，就好比使用 Windows 的资源管理器创建文件夹一样。可以在 Layers 面板中创建图层组。要创建一个图层组，只要在图层面板底部单击创建图层组按钮，就可以在当前图层上方建立一个图层组。此外，也可以单击"图层/新建/图层组"命令或在图层面板菜单中单击"新建图层组"命令来创建图层组。但要注意，使用命令创建图层组时，会打开一个对话框。

①Name（名称）：设置图层组的名称。若不设置，默认以 Set1、Set2 等命名。

②Color（颜色）：设置图层组的颜色。与图层颜色一样，只是用来显示而已，对图像没有任何影响。

③Channels（通道）：设置当前图层组的通道参数。

（2）移动图层。

要移动图层中的图像，可以使用移动工具。要移动图层中的图像，如果是移动整个图层的内容，则不需要先选取范围再执行移动，而只需先将要移动的图层设为当前图层，然后用移动工具或按住【Ctrl】＋拖动操作就可以移动图像；如果是要移动图层中的某一块区域，则必须先选取范围后，再使用移动工具进行移动。

（3）复制图层。

复制图层是较为常用的操作，可将某一图层复制到同一图像中，或者复制到另一幅图像中。当在同一图像中复制图层时，最快速的方法就是将图层拖动至创建新图层按钮上，复制后的图层将出现在被复制的图层上方。除了上述复制图层的操作方法外，还可以使用菜单命令来复制图层。先选中要复制的图层，然后单击"图层"菜单或图层面板菜单中的"复制图层"命令。

（4）删除图层。

对一些没有用的图层，可以删除。方法：选中要删除的图层，然后单击图层面板上的"删除当前图层"按钮，或者单击图层面板菜单中的"删除图层"命令，也可以直接用鼠标拖动图层到"删除当前图层"按钮上来删除。

（5）其他图层编辑操作。

除了上述一些图层编辑操作外，Photoshop 还在 Layer/New 子菜单中提供了 Layer Via Copy（通过复制的图层）和 Layer Via Cut（通过剪切的图层）命令的功能（注：使用这两个命令之前需要先选取一个图层范围）。使用 Layer Via Copy 命令，可以将选取范围中的图像复制后粘贴到新建立的图层中；而使用 Layer Via Cut 命令，则可将选取范围中的图像剪切后粘贴到新建立的图层中。

（6）调整图层的叠放次序。

图像一般由多个图层组成，而图层的叠放次序直接影响着图像显示的真实效果。上方的图层总是遮盖其底下的图层。因此，在编辑图像时，可以调整各图层之间的叠放次序来实现最终的效果。在图层面板中将鼠标指针移到要调整次序的图层上，拖动鼠标至适当的位置，就可以完成图层的次序调整。此外，也可以使用 Layer/Arrange（图层/排列）子菜单下的命令来调整图层次序。

（7）锁定图层内容。

Photoshop 提供了锁定图层的功能，可以锁定某一个图层和图层组，使其在编辑图像时不受影响，从而给图像编辑带来方便。在图层面板上，其中锁定选项组中的四个选项用于锁定图层内容，它们的功能分别如下：

①锁定透明区域——将透明区域保护起来。

②锁定图层透明区域——可将当前图层保护起来，不受任何填充、描边及其他绘图操作的影响。

③锁定编辑动作——不能够对锁定的图层进行移动、旋转、翻转和自由变换等编辑操作。

④锁定全部——将完全锁定这一图层，此时任何绘图操作、编辑操作（包括删除图像、色彩混合模式、不透明度、滤镜功能和色彩、色调调整等功能）均不能在这一图层

上使用，而只能够在图层面板中调整这一层的叠放次序。

（8）图层的链接与合并。

图层的链接功能使使用者可以方便地移动多个图层图像，同时对多个图层中的图像进行旋转、翻转和自由变形，以及对不相邻的图层进行合并。

要将图层合并，可以打开图层面板菜单，单击其中的合并命令即可。

①向下合并：可以将当前作用图层与其下一图层图像合并，其他图层保持不变。执行此命令也可以按下组合键【Ctrl＋E】。

②合并可见图层：可将图像中所有显示的图层合并，而隐藏的图层则保持不变。

③拼合图层：可将图像中所有图层合并，并在合并过程中丢弃隐藏的图层。

3. 蒙版

蒙版是一个很好用的工具，在效果图后期处理过程中，经常被用来制作那种由浅到深的渐变效果，让两个图像无缝合成。

（1）蒙版的概念。

图层蒙版是将图像中不需要编辑的部分蒙起来加以保护，只对未蒙住的部分进行编辑。蒙版可以控制图层区域内部分内容可隐藏或是显示，更改蒙版可以对图层应用各种效果，不会影响该图层上的图像。

（2）蒙版的作用。

在 Photoshop 中，蒙版的作用非常明确，就是用来遮盖图像，这一点从蒙版的概念中也能体现出来。图层蒙版是灰度图像，系统默认状态下，黑色区域用来遮盖图像，白色区域用来显示图像，而灰色区域则表现出图像若隐若现的效果。

（3）蒙版的常用操作。

①添加蒙版：单击图层面板上的"添加蒙版"按钮。

②停用图层蒙版：在图层栏蒙版缩略图单击右键，弹出命令对话框，选择"停用图层蒙版"。

③启用图层蒙版：在图层栏蒙版缩略图单击右键，弹出命令对话框，选择"启用图层蒙版"。

④应用图层蒙版：在蒙版缩览图上单击右键，选择"应用图层蒙版"，蒙版的效果即应用在图层上，而蒙版会被去除。

⑤删除蒙版：用鼠标左键按住蒙版缩览图向右下拖动到"删除"按钮上。

3.3.2　Photoshop 在建筑效果图制作中常用选择工具

1. 选框工具（M）

选框工具中包括矩形、椭圆、单行、单列选框工具。选择工具，然后在页面上直接拖动操作即可绘制。如果按【Shift】键，可以画正方形或者正圆；如果按【Alt】键，可以从中心点绘制矩形或者圆；如果按【Alt＋Shift】键，可以从中心点绘制正方形或者正圆。如果想取消选框工具，可选择"选择/取消选区"或者按【Ctrl＋D】键。按【Alt＋Delete】键可填充前景色，按【Ctrl＋Delete】键可填充背景色。

2. 套索工具（L）

套索工具是一种常用的范围选取工具，工具箱中包含三种类型的套索工具：套索工具、多边形套索工具和磁性套索工具。

（1）套索工具：使用套索工具，可以选取不规则形状的曲线区域，也可以设定消除锯齿和羽化边缘的功能。

（2）多边形套索工具：使用多边形套索工具可以选择不规则形状的多边形，如三角形、梯形和五角星等区域。

（3）磁性套索工具：磁性套索工具是一个新型的、具有选取功能的套索工具。该工具具有方便、准确、快速选取的特点，是任何一个选框工具和其他套索工具无法相比的。

3. 魔棒工具（W）

魔棒工具的主要功能是用来选取区域范围。在进行选取时，魔棒工具能够选择出颜色相同或相近的区域。使用魔棒工具时，用户还可以通过工具栏设定颜色值的近似范围。

4. 橡皮擦工具

橡皮擦工具用于擦除图像颜色，并在擦除的位置上填入背景色。如果擦除的内容是透明的图层，那么擦除后会变为透明。使用橡皮擦工具时，可以在画笔面板中设置不透明度、渐隐和湿边。此外，还可以在 Mode（模式）下拉列表中选择 Pencil（铅笔）或 Block（块）的擦除方式来擦除图像。

5. 钢笔工具

钢笔工具是建立路径的基本工具，使用该工具可创建直线路径和曲线路径。

注：在单击确定锚点的位置时，若按住【Shift】键，则可按 45°角水平或垂直的方向绘制路径。

在绘制路径线条时，可以配合该工具的工具栏进行操作。选中钢笔工具后，工具栏上将显示有关钢笔工具的属性。

（1）Shape Layers（建立形状图层）：选择此按钮创建路径时，会在绘制出路径的同时，建立一个形状图层，即路径内的区域将被填入前景色。

（2）Paths（建立工作路径）：选择此按钮创建路径时，只能绘制出工作路径，而不会同时创建一个形状图层。

（3）Fill Pixels（填充像素）：选择此按钮时，直接在路径内的区域填入前景色。

（4）Auto Add/Delete（自动增加/删除）：移动钢笔工具鼠标指针到已有路径上单击，可以增加一个锚点，而移动钢笔工具鼠标指针到路径的锚点上单击左键则可删除锚点。

（5）使用自由钢笔工具建立路径。自由钢笔工具的功能跟钢笔工具的功能基本一样，两者的主要区别在于建立路径的操作不同——自由钢笔工具不是通过建立锚点来建立勾画路径，而是通过绘制曲线来勾画路径。自由钢笔工具的工具栏比钢笔工具的工具栏多了一个 Magnetic（磁性的）复选框。其功能为：选中该复选框后，磁性钢笔工具被激活，表明此时的自由钢笔工具具有磁性。磁性钢笔工具的功能与磁性套索工具基本相同，也是根据选取边缘在指定宽度内的不同像素值的反差来确定路径，差别在于使用磁性钢笔工具生成的是路径，而不选取范围。

（6）路径与选取范围间的转换。路径的一个功能就是可以将其转换为选取范围，因此通过路径功能可以制作出许多形状较为复杂的选取范围。

注：如果是一个开放式的路径，则在转换为选取范围后，路径的起点会连接终点，成为一个封闭的选取范围。

3.3.3　效果图中的色彩控制

Photoshop 提供了多个图像色彩控制的命令，可以很轻松快捷地改变图像的色相、饱和度、亮度和对比度。使用这些命令，可以创作出具有多种色彩效果的图像，但要注意的是，这些命令的使用或多或少都要丢失一些颜色数据，因为所有色彩调整的操作都是在原图基础上进行的，因而不可能产生比原图像更多的色彩，尽管在屏幕上不会直接反映出来，事实上在转换调整的过程中就已经丢失了数据。

1. 控制色彩平衡

色彩平衡（Color Balance）命令会在彩色图像中改变颜色的混合，从而使整体图像的色彩达到平衡。

方法：单击"Image（图像）"→"Adjustments（调整）"→"Color Balance"命令或按下【Ctrl+B】键。

2. 控制亮度和对比度

亮度和对比度（Brightness/Contrast）命令主要用来调节图像的亮度和对比度。

方法：单击"Image"→"Adjustments"→"Brightness"→"Contrast"命令。Brightness（亮度）和 Contrast（对比度）的值为负值时，图像亮度和对比度下降；若值为正值时，则图像亮度和对比度增加；当值为 0 时，图像不发生变化。

3. 调整色相和饱和度

色相/饱和度（Hue/Saturation）命令主要用于改变像素的色相及饱和度，而且它还可以通过给像素指定新的色相和饱和度，实现给灰度图像染上色彩的功能。

方法：单击"Image"→"Adjustments"→"Hue/Saturation"命令，打开 Hue/Saturation 对话框，拖动对话框中的 Hue（范围：−180～180）、Saturation（范围：−100～100）和 Lightness（范围：−100～100）滑杆或在其文本框中输入数值，可以分别控制图像的色相、饱和度及亮度（或明度）。

注：使用 Colorize（着色）复选框可以将灰色和黑白图像变成彩色图像，但并不是将灰度模式或黑白颜色的位图模式的图像变成彩色图像，而是指 RGB、CMYK 或其他颜色模式下的灰色图像和黑白图像。位图和灰度模式的图像是不能使用 Hue/Saturation 命令的，要对这些模式的图像使用该命令，则必须先转换为 RGB 模式或其他彩色的颜色模式。

4. 替换颜色

替换颜色（Replace Color）命令允许先选定颜色，然后改变它的色相、饱和度和亮度值。它相当于 Color Range（色彩范围）命令再加上 Hue/Saturation（色相/饱和度）命令的功能。

方法：单击"Image"→"Adjustments"→"Replace Color"命令。

5. 可选颜色

与其他颜色校正工具相同，可选颜色（Selective Color）命令可以校正不平衡问题和调整颜色。

方法：单击"Image"→"Adjustmens"→"Selective Color"命令。打开 Selective Color 对话框，可以调整在 Colors（颜色）下拉列表框中设置的颜色。可以有针对性地选择 Reds、Greens、Blues、Cyans（青色）、Magentas（洋红色）、Yellows、Blacks、Whites、Neutrals（中性色）进行调整。

6. 变化颜色

变化颜色（Variations）命令可以很直观地调整色彩平衡、对比度和饱和度。此功能就相当于 Color Balance 命令再增加 Hue/Saturation 命令的功能。使用此命令时，可以对整个图像进行调整，也可以只对选取范围和层中的内容进行调整。

方法：单击"Image"→"Adjustments"→"Variations"命令。

注：Variations 命令不能在 Indexed Color（索引色）模式下使用。此外，该命令不提供在图像窗口中预览的功能。

3.4　别墅效果图后期处理

3.4.1　别墅建筑效果图后期处理要点

在建筑设计中，为了正确地表现效果图的环境气氛，衬托主体建筑，通常在 Photoshop 软件中对效果图进行后期制作。一般采用为效果图场景中添加配景的方法，使效果图体现出真实自然的意境。这些配景一般包括天空、草地、人物、建筑配套设施等。可以这么说，一幅好的效果图是主体建筑本身与配景完美组合的产物，周围环境处理的好坏将直接关系到效果图的成败。

别墅建筑效果图后期处理的流程一般包括以下几个。

（1）对渲染图片的调整：当制作的场景过于复杂、灯光众多时，渲染得到的效果图难免会出现一些小的瑕疵或错误，一般在 Photoshop 中运用相应的工具或命令对不理想的地方进行修改，这样既可以保证效果又可以节省时间。

（2）为场景添加大的环境背景：一般是为场景添加一幅合适的天空背景和草地背景。天空背景一般选择现成的天空素材，在选择天空背景素材时，注意所添加的天空图片的分辨率要与建筑图片的分辨率基本相当，否则将影响图像的精度与效果。在添加草地配景时，注意所选择草地的色调、透视关系要与场景相协调。

（3）为场景添加植物配景：适当地为场景中添加一些植物配景，不仅可以增加场景的空间感，还可以展现场景的自然气息。

（4）为场景添加人物配景：在添加人物配景时，要注意所添加人物的形象与建筑类型相一致，处理好人物与建筑的透视关系、比例关系等。

3.4.2　调整建筑

在 3DS Max 软件中输出的图片经常会显得灰一些，玻璃及建筑墙面的质感不是很理想，所以在 Photoshop 中的调整首先是用选择工具或选择命令制作选区，然后调用颜色调整命令来处理图像，以得到更加清晰、颜色色调更加协调的图像。步骤如下：

（1）单击"文件"→"打开"命令，打开"别墅渲染.jpg"文件，如图 3-54 所示。

图 3-54　别墅渲染图

（2）用"快速选择工具"选定"别墅渲染"中的天空和地面区域，如图 3-55 所示。调用"选择"→"反向"命令，创建别墅图的选区，接着调用"图层"→"新建"→"通过拷贝的图层"【Ctrl+J】，将别墅图复制到一个新的图层，如图 3-56 所示。

图 3-55　选定天空和地面区域

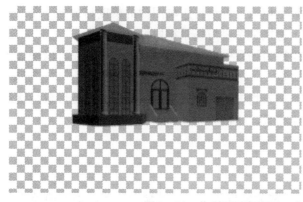

图 3-56　将别墅图复制到一个新的图层

至此，别墅建筑就从背景中分离出来。调整主体建筑的色调。

（3）选择"建筑"图层，单击"图像"→"调整"→"亮度/对比度"命令，打开"亮度/对比度"对话框，参数设置及图像效果如图 3-57、图 3-58 所示。

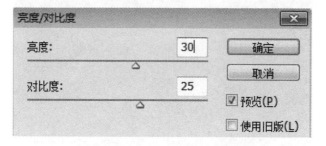

图 3-57　"亮度/对比度"命令参数设置

图 3-58　使用"亮度/对比度"命令后的图像效果

（4）选定"建筑"图层，选择魔棒工具"　"，单击"建筑"图层中的屋顶区域，得到如图 3-59 所示的选区。然后按【Ctrl+J】键，将选区内容复制到一个单独的图层，命名为"屋顶"，图层面板如图 3-60 所示。

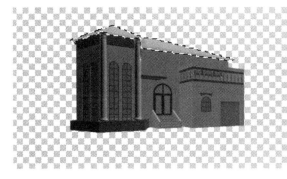

图 3-59　选定别墅的屋顶

图 3-60　图层面板

（5）选定"屋顶"区域，单击"编辑"→"填充"命令，打开"填充"对话框，参数设置如图 3-61 所示，得到的图像效果如图 3-62 所示。

图 3-61　"填充"参数设置

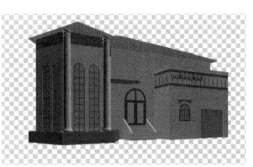

图 3-62　屋顶填充效果

（6）单击"图像"→"调整"→"色彩平衡"命令，打开"色彩平衡"对话框，参数设置如图 3-63 所示。执行上述操作后，图像效果如图 3-64 所示。

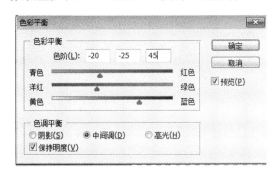

图 3-63　"色彩平衡"参数设置

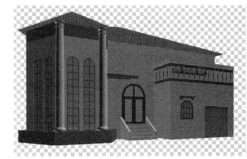

图 3-64　执行"色彩平衡"后的图像效果

（7）继续选定"建筑"图层，选择魔棒工具"🔲"，选出"正面墙体"区域（图 3-65）。按【Ctrl+J】键，将选区内容复制为一个单独的图层，命名为"正面墙体"，图层面板如图 3-66 所示。

图 3-65　选定正面墙体　　　　图 3-66　图层面板

（8）单击"图像"→"调整"→"色彩平衡"命令，打开"色彩平衡"对话框，设置参数如图 3-67 所示，图像效果如图 3-68 所示。

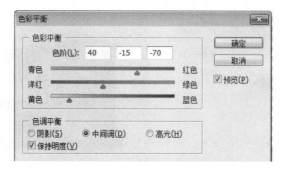

图 3-67　"色彩平衡"参数设置

图 3-68　执行"色彩平衡"后的图像效果

（9）单击"图像"→"调整"→"亮度/对比度"命令，打开"亮度/对比度"对话框，设置"亮度"值为 30，图像效果如图 3-69 所示。

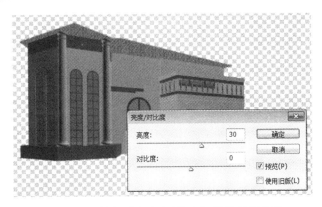

图 3-69　执行"亮度/对比度"后的图像效果

（10）使用同样的方法，制作"侧面墙体"区域，如图 3-70 所示。按【Ctrl+J】键，将选区内容复制为一个单独的图层，命名为"侧面墙体"，图层面板如图 3-71 所示。

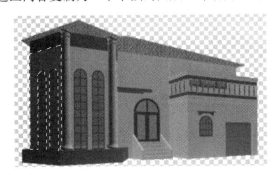

图 3-70　选定侧面墙体

图 3-71　侧面墙体图层面板

（11）选定"侧面墙体"区域，单击"编辑"→"填充"命令，打开"填充"对话框，选择自定图案"left"填充选区，效果如图 3-72 所示。

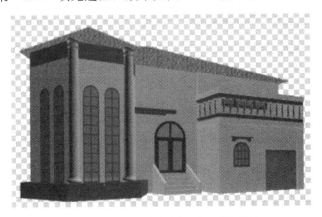

图 3-72　执行"填充"后的图像效果

这时发现侧面墙体有些发暗，接下来可以调整这部分的色调。

（12）单击"图像"→"调整"→"色相/饱和度"命令，打开"色相/饱和度"对话框，参数设置如图 3-73 所示，图像效果如图 3-74 所示。

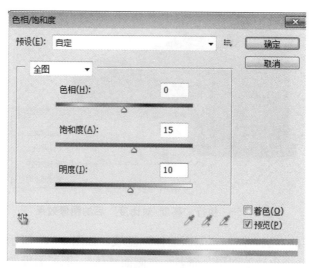

图 3－73 "色相/饱和度"参数设置

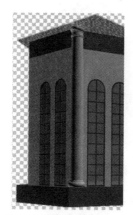

图 3－74 执行"色相/饱和度"后的图像效果

（13）继续用魔棒工具选择别墅正门这一区域的墙面，如图 3－75 所示。按【Ctrl+J】键，将选区内容复制为一个单独的图层，命名为"大门所在墙体"，图层面板如图 3－76 所示。

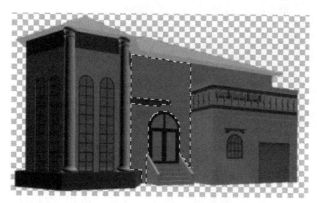

图 3－75 选定大门所在墙体

图 3－76 图层面板

（14）选定"大门所在墙体"区域，单击"编辑"→"填充"命令，打开"填充"对话框，选择自定图案"front"填充选区，效果如图 3-77 所示。

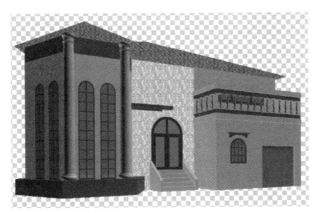

图 3-77 执行"填充"后的图像效果

（15）单击"图像"→"调整"→"亮度/对比度"命令，设置亮度参数值为-60，图像效果如图 3-78 所示。

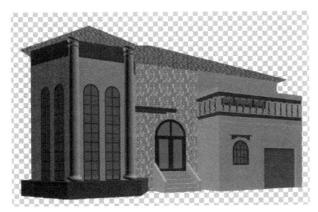

图 3-78 执行"亮度/对比度"后的图像效果

（16）在"建筑"图层上使用魔棒工具选择别墅的大门和停车库的大门，调用"色彩平衡"命令，参数设置如图 3-79 所示，图像效果如图 3-80 所示。

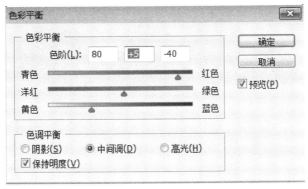

图 3-79 "色彩平衡"参数设置

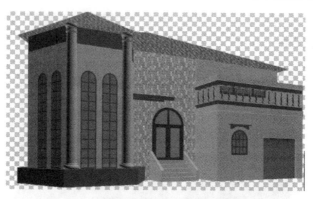

图 3-80　执行"色彩平衡"后的图像效果

接下来处理建筑物的玻璃部分。建筑物的玻璃就好比是人的眼睛，如果建筑物的玻璃通透感不强，反射不真实，其他部分处理得再好，整个效果图也会缺乏一种灵气。

（17）在"建筑"图层中，使用魔棒工具选择玻璃区域，如图 3-81 所示。按【Ctrl+J】键，将选区内容复制为一个单独的图层，命名为"玻璃"。

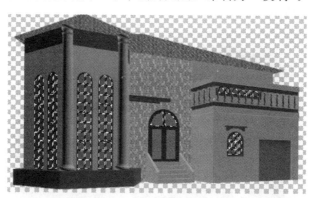

图 3-81　选定玻璃区域

接下来制作玻璃的反射效果。

（18）单击"文件"→"打开"命令，打开"玻璃反射 1.jpg"文件，如图 3-82 所示。

图 3-82　打开"玻璃反射 1.jpg"文件

（19）调出树木的选区，然后按【Ctrl+C】键复制选区内容。

（20）返回"别墅渲染"文件，调出"玻璃"图层的选区。单击"编辑"→"选择性粘贴"→"粘贴"命令，将复制的图像粘贴在选区中，然后调整树木的大小和位置，如图 3-83 所示。

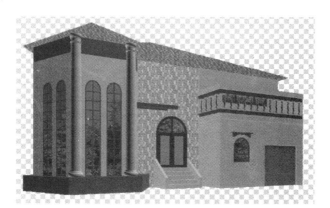

图 3-83　将树木粘贴到玻璃选区中

（21）在图层面板中将其所在图层命名为"玻璃反射 1"，并设置图层的参数，将"混合模式"设置为"正片叠底"，"不透明度"设为 55%。

（22）打开"玻璃反射 2.jpg"文件，如图 3-84 所示。

图 3-84　打开"玻璃反射 2.jpg"文件

（23）将其全选复制到"玻璃"选区中，调整它的大小和位置，如图 3-85 所示。

图 3-85　将天空粘贴到玻璃选区中

（24）在图层面板中将其所在图层命名为"玻璃反射2"，将其"混合模式"设置为"柔光"，"不透明度"设为50%，图像效果如图3-86所示。

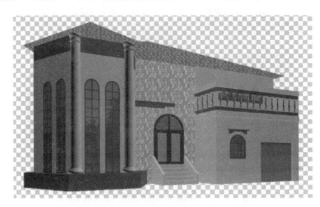

图3-86　经调整图层属性后的图像效果

（25）按【Ctrl+Alt+Shift+E】键将"别墅渲染"文件中的可见图层盖印到一个新的图层上，命名为"外观"。

至此，主体建筑的色调就调整完毕。接下来要为场景添加合适的配景。

3.4.3　添加天空及地面

（1）单击"文件"→"打开"命令，打开"背景.jpg"文件。

（2）将背景拖到别墅建筑场景中，调整它的大小和位置，将其所在图层命名为"背景"，并调整到"外观"图层的下方，如图3-87所示。

图3-87　将背景图片合成到别墅中

从图3-87中可以看出，添加进去的背景对于这个场景来说饱和度不够，亮度有些高，接下来可以对天空进行调整。

（3）单击"图像"→"调整"→"色相/饱和度"命令，在弹出的"色相/饱和度"对话框中设置各项参数，参数设置如图 3-88 所示，图像效果如图 3-89 所示。

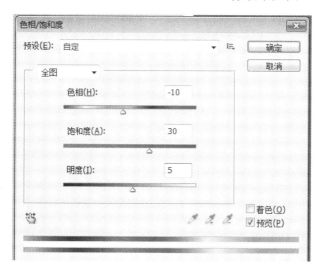

图 3-88 **"色相/饱和度"参数设置**

图 3-89 **执行"色相/饱和度"后的图像效果**

（4）单击"文件"→"打开"命令，打开"草地 . jpg"文件。

（5）将草地拖到别墅建筑场景中，调整它的大小和位置，将其所在图层命名为"草地"，并调整到"风景"图层的下方，如图 3-90 所示。

图 3—90　调整草地图层的位置

（6）选定"风景"图层，在风景图层上创建一个图层蒙版，如图 3—91 所示。

图 3—91　在风景图层上创建一个图层蒙版

（7）单击"<img>"（画笔工具），设置笔尖形状为柔边圆形，设置前景色为黑色。接着用设置好的画笔编辑图层蒙版，显示出"草地"图层上的图像，效果如图 3—92 所示，图层面板如图 3—93 所示。

图 3-92　编辑图层蒙版的效果

图 3-93　图层面板

至此，别墅效果图场景的背景添加完毕。

3.4.4　添加远景及中景配景

接下来，为场景中添加一些植物配景。

（1）单击"文件"→"打开"命令，打开"灌木 01.jpg"文件。使用"移动工具"将该配景拖到场景中，然后将其复制 2 个，分别调整它们的位置，如图 3-94 所示。

图3-94　添加灌木

（2）单击"文件"→"打开"命令，打开"墙头花.jpg"文件。使用"移动工具"将该配景拖到场景中，调整它的位置，如图3-95所示。

图3-95　添加墙头花

（3）将墙头花移动复制多个，并根据建筑的透视关系调整它们的形体，调整好的效果如图3-96所示。

图3-96　复制多个墙头花

（4）单击"文件"→"打开"命令，打开"松树.jpg"文件。使用"移动工具"将该配景拖到场景中，调整它的位置，如图3-97所示。

图 3-97 添加松树

至此，别墅建筑效果图的远景及中景配景全部添加完毕。

3.4.5 添加人物及近景配景

（1）单击"文件"→"打开"命令，打开"石头路.jpg"文件。使用"移动工具"将该配景拖到场景中，调整它的位置如图3-98所示。

图 3-98 添加石头路

（2）在"石头路"图层中添加图层蒙版，并且选择画笔工具编辑蒙版，如图3-99所示，图像效果如图3-100所示。

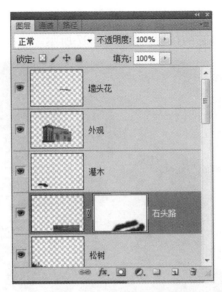

图 3—99 编辑图层蒙版

图 3—100 编辑图层蒙版后的图像效果

下面为场景添加人物配景。一切建筑都是为人服务的，如果没有人，建筑也就显得没有生活的气息。添加人物不仅可以很好地烘托主体建筑，丰富画面气氛，还可以令画面显得更加贴近生活。

（3）单击"文件"→"打开"命令，打开"人物 .jpg"文件。使用"移动工具"将该配景拖到场景中，调整它的位置，如图 3—101 所示。

图 3—101　添加人物

　　至此，别墅建筑效果图的近景及人物配景添加完毕。

3.4.6　调整整体效果

　　一般情况下，添加完配景后，需要统一调整一下效果，也就是使配景和建筑感觉是一个整体。

　　（1）新建一个图层，命名为"压色"。

　　（2）按【D】将前景色和背景恢复到默认状态。选择渐变工具，在其属性栏中设置线性渐变，渐变类型为"前景色到透明渐变"，"不透明度"为 25%。图像效果如图 3—102 所示。

图 3—102　压色图像效果

3.4.7　小结

　　建筑在画面中的主体地位是不可动摇的，但是单靠其自身又远远达不到想要的那种自然、真实的环境效果。这时往往需要为场景添加一些其他的元素，通过这些其他元素来烘托环境气氛，突出主体建筑。这些其他元素就是常说的配景。配景一般包括天空、树木、草地、建筑小品、人物等。它们在场景中除了烘托主体建筑外，还能起到活跃画面气氛、均衡构图的作用。

第4章　产品三维参数化建模及图像处理

4.1　教学目的

随着市场竞争的日益激烈和科学技术的不断发展，企业必须具有灵活应变和快速响应的能力，以应对产品和需求的不断变化，这给企业的产品设计水平提出了更高的要求。Autodesk 公司开发的 Inventor 软件具有强大的三维实体造型、装配和出图能力，它融合了直观的三维建模环境与功能设计工具，能够为工业产品设计提供高性能的软件支持。使用 Inventor 实现产品的参数化设计，能够快速、准确地反映零部件的形状和装配关系，同时结合 Photoshop 的优秀图像处理能力，可使设计的产品造型美观，结构合理，提高质量和效率。

本章学习的目的是以水杯造型为例，通过介绍 Inventor 的参数化建模技术及 Photoshop 的图像处理方法，提高学生综合运用软件实现产品三维造型的能力。

4.2　产品三维建模方法

4.2.1　Inventor 界面

启动 Inventor 选择"新建"图标来创建文件时，在打开的"新建文件"对话框中，会显示零件、部件、工程图和表达视图等不同文件类型的模板，供使用者选择以创建新文件，如图 4-1 所示。

图 4-1　新建文件对话框

在"English"和"Metric"选项卡中，包含以公制和英制为单位的模板文件，还包括 ANSI、BSI、DIN、GB、ISO 和 JIS 等国际绘图标准模板文件。图 4-2 为选择零件模板文件后所示的界面（零件建模环境）。

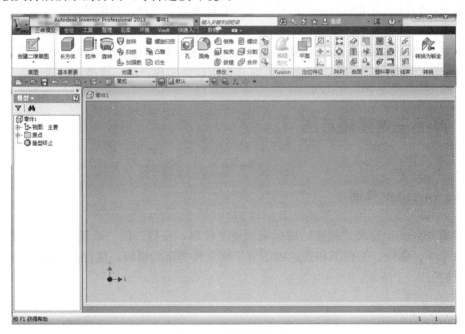

图 4-2　零件建模环境

Inventor 用户界面包括图形窗口、浏览器、功能区、应用程序菜单、导航窗口等。Inventor 的多文档界面允许同时打开一个或多个文档。由于 Inventor 具有多种工作环境（如草图环境、特征环境、部件环境、工程图环境、表达视图环境等），每种工作环境都拥有不同的菜单、工具面板和浏览器，因此用户界面也会因当前激活的文档不同而不同。功能区快速访问工具条和功能区选项卡面板如图 4-3 和图 4-4 所示。

图 4-3　功能区快速访问工具条

图 4-4　功能区选项卡面板

浏览器位于屏幕的左侧，也可以将它拖放到新位置或让它在窗口中浮动。浏览器中可展示激活文件中的零件、部件或工程图的组织结构。在不同的工作环境中，浏览器中显示的内容有所不同。如图 4-5 所示，为零件模型及对应的浏览器结构。

图 4-5　零件模型及对应的浏览器结构

4.2.2　Inventor 建模的草图绘制方法

绘制草图是创建零件模型的第一步。在草图中，可绘制创建零件特征所需的截面轮廓和其他几何图元，如扫掠路径或旋转轴。

绘制草图时，应首先选择一个新的零件模板文件，并启动"草图"工具，然后在图形窗口中开始绘制草图几何图元，还可将约束添加到各种几何图元对象上。

1. 草图环境和草图坐标系

创建或编辑草图时，所处的工作环境就是草图环境。草图环境由一张草图和用于控制草图网格以及绘制直线、样条曲线、圆、椭圆、圆弧、矩形、多边形或点的工具组成。通过使用"应用程序选项"对话框中的"草图"选项卡，可以自定义草图设置。

绘制新草图时，草图坐标系显示为草图网格的 X 轴和 Y 轴，单击"应用程序选项"

的"草图"选项卡,可以打开三维指示器并在草图原点处显示,如图4-6所示。

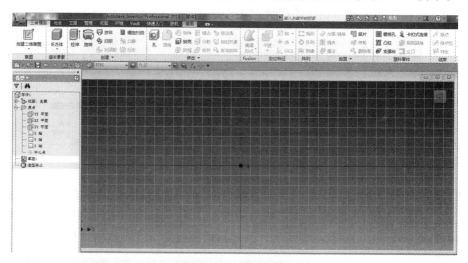

图4-6　草图环境

2. 二维草图工具

所有的草图几何图元都是在草图环境中使用工具面板上的"草图"工具进行创建和编辑的。使用草图工具可以绘制直线、样条曲线、圆、椭圆、圆弧、矩形、多边形等,并可为拐角添加圆角、延伸或修剪曲线,还可以偏移和投影其他特征几何图元。

(1) 创建圆。

利用"创建圆"命令可绘制圆心圆和相切圆,如图4-7所示。

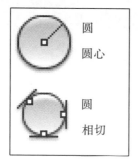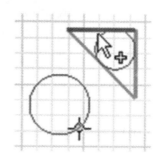

图4-7　绘制圆

①绘制圆心圆:单击功能区面板的"圆心圆"命令,在图形区域指定圆心点,拖动鼠标确定半径。

②绘制相切圆:单击功能区面板的"相切圆"命令,在图形区域分别拾取三条直线,系统可自动绘制相切圆。

(2) 创建圆弧。

利用"创建圆弧"命令可绘制三点圆弧、相切圆弧和中心点圆弧,如图4-8所示。

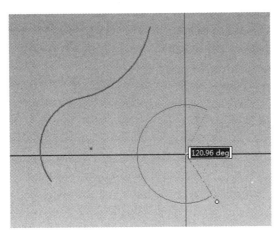

图 4-8　绘制圆弧

①三点圆弧：单击功能区面板的"三点圆弧"命令，在绘图区域分别指定圆弧的起点、端点和弧上任一点。

②相切圆弧：可绘出与线相切的圆弧，操作是首先单击功能区面板的"相切圆弧"命令，在绘图区域分别指定圆弧的起点，移动鼠标确定弧的端点。

③中心点圆弧：单击功能区面板的"中心点圆弧"命令，在绘图区域分别指定圆弧的中心、起点和端点。

（3）创建矩形。

利用"创建矩形"命令可绘制两点矩形和三点矩形，如图 4-9 所示。

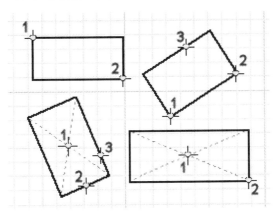

图 4-9　绘制矩形

①两点矩形：通过在绘图区域指定两点可绘制与坐标轴平行的矩形。

②三点矩形：分别指定三点可绘制任意方向的矩形。

（4）创建多边形。

创建多边形时，首先需选择内切或外切方式，并指定多边形的边数，然后指定多边形的中心和多边形上的一点，确定后即可完成绘制，如图 4-10 所示。

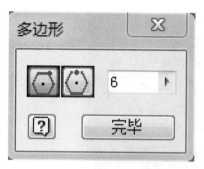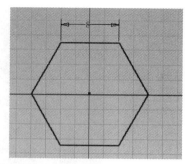

图4-10　绘制多边形

（5）阵列草图。

可以使用"草图"工具栏上的"环形阵列"和"矩形阵列"命令创建原始草图的阵列。阵列几何图元是完全约束的。

①创建环形草图阵列。

单击"草图"工具栏上的"环形阵列"命令，然后选择"几何图元"进行阵列创建，如图4-11所示。

图4-11　环形阵列对话框

在"环形阵列"对话框中，单击"轴"按钮，可选择点、顶点或工作轴作为阵列轴；在"数量"框中可指定阵列元素的数量；在"角度"框中指定环形阵列的角度。点击"更多"按钮，可设置一个或多个选项：

"抑制"可选择各个阵列元素，将其从阵列中删除，则该几何图元将被抑制。

"关联"可指定更改零件时更新阵列。

"范围"可指定阵列元素均匀分布在指定角度范围内。

②创建矩形草图阵列。

单击"草图"工具栏上的"矩形阵列"命令，然后选择"几何图元"进行阵列创建，如图4-12所示。

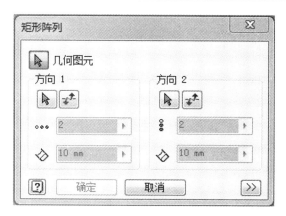

图 4-12 矩形阵列对话框

在"矩形阵列"对话框中,"方向 1"按钮可选择几何图元阵列的第一个方向,在"间距"框中可指定元素之间的间距;"方向 2"按钮可选择几何图元阵列的第二个方向。点击"更多"按钮,可设置一个或多个选项:

"抑制"可选择各个阵列元素,将其从阵列中删除,则该几何图元将被抑制。

"关联"可指定更改零件时更新阵列。

"范围"可指定阵列元素均匀分布在指定角度范围内。

3. 约束草图

约束可以限制更改并定义草图的形状。可以在同一个草图中的两个对象之间,或者在某个草图与从现有特征投影的几何图元或其他草图之间放置几何约束,几何约束符号如图 4-13 所示。

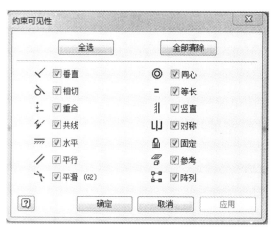

图 4-13 约束可见性对话框

在绘制时,系统会自动应用约束。当用户创建直线时显示水平符号或竖直符号,系统就会应用关联的约束。根据绘制草图时的精确程度,可能需要一个或多个约束以固定草图的形状或位置。

4. 标注草图尺寸

要实现产品的模型设计，除了几何约束外，草图几何图元还需要标注尺寸，以便保持大小和位置。一般情况下，Inventor 中的所有尺寸都是参数化的，当编辑尺寸时，可以输入使用一个或多个参数的等式。向草图几何图元添加驱动尺寸的过程也是对草图中对象大小和位置添加约束的过程。如果对尺寸值进行更改，草图也将自动更新。

单击"通用尺寸"工具，可创建尺寸。选择要标注尺寸的草图几何图元，然后放置尺寸，如图 4-14 所示。选择几何图元和放置尺寸的操作可以确定所创建尺寸的类型。使用"编辑尺寸"框，可以修改尺寸。要显示"编辑尺寸"框：请在放置尺寸后单击该尺寸；如果"通用尺寸"工具未处于激活状态，也可以双击该工具使其激活。

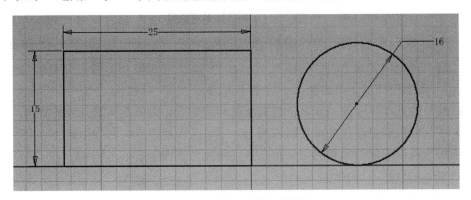

图 4-14　通用尺寸标注草图

"自动标注尺寸"工具使用户可以通过一个步骤快捷地完成草图的尺寸标注。如果单独选择草图几何图元，系统将自动应用尺寸标注和约束。如果不单独选择草图几何图元，系统将自动为所有未标注尺寸的草图对象进行标注。

使用"自动标注尺寸"，可以帮助用户识别特定曲线或整个草图，以便进行约束。在复杂的草图中，可以使用"自动标注尺寸"工具来完全约束该草图。用户可以使用"通用尺寸"工具来标注重要尺寸，然后使用"自动标注尺寸"来完成对草图的约束。

4.2.3　Inventor 零件模型的特征生成方法

在 Inventor 中，拉伸草图几何图元，沿路径扫掠草图几何图元，或者绕轴旋转草图几何图元，都可创建零件的特征。零件模型是所有特征的集合。用户可以通过返回特征草图或修改相关特征值来编辑特征。

使用 Inventor，可创建多种类型的特征，如草图特征、放置特征、定位特征、阵列特征等。

1. 零件造型环境

创建或编辑零件时，首先应激活零件造型环境。在零件造型环境中，用户可以创建特征、修改特征以创建零件，如图 4-15 所示。

图 4-15　三维模型选项卡

使用浏览器，用户可以编辑草图或特征、显示或隐藏特征、访问特性等。浏览器会显示零件图标，下面嵌套着其特征。

2. 定位特征

当需创建和定位新的特征时，可以使用定位特征。定位特征包括工作平面、工作轴和工作点。可以依据选择的几何图元和次序，判定适当的方向和约束条件，以创建定位特征。

用户使用定位特征的情况：

①在零件、部件、钣金和三维草图环境中创建和使用定位特征。

②使用并参照工程图环境中的定位特征。

③将定位特征投影到二维草图中。

④创建内嵌定位特征可以帮助用户定义三维草图或放置零件或部件特征。

⑤使定位特征自适应。

⑥打开或关闭定位特征的可见性。

⑦拖动以调整工作平面和工作轴的大小。

(1) 工作平面。

工作平面是沿一个平面的所有方向无限延伸的平面。工作平面包括默认的基准平面YZ、XZ 和 XY，如图 4-16 所示。也可根据需要创建工作平面，如图 4-17 所示，并使用现有特征、平面、轴或点来定位工作平面。

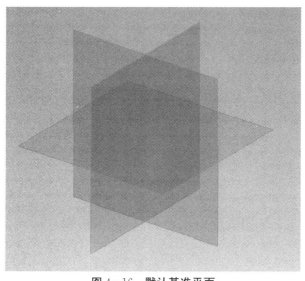

图 4-16　默认基准平面

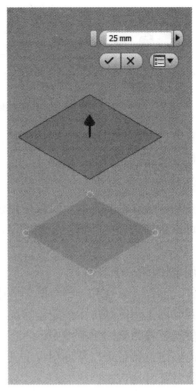

图 4-17　创建工作平面

使用工作平面可执行以下操作：

①当零件面不能用于创建新特征的草图平面时，创建草图平面。

②创建工作轴和工作点。

③为拉伸提供终止参考。

④为装配约束提供参考。

⑤为工程图尺寸提供参考。

⑥为三维草图提供参考。

⑦投影到二维草图以创建截面轮廓几何图元或参考的曲线。

（2）工作轴。

工作轴是沿两个方向无限延伸的直线矢量。工作轴包括默认的基准轴 X、Y 和 Z。也可根据需要创建工作轴，使用现有特征、平面或点来定位工作轴，如图 4-18（a）所示。

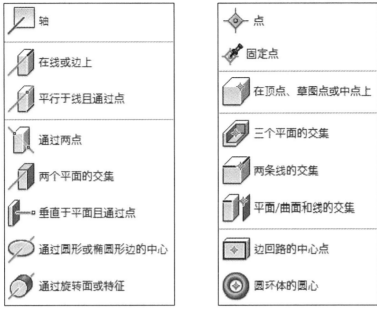

（a）创建工作轴　　　　　　　　（b）创建工作点

图 4－18　创建工作轴和工作点

使用工作轴可执行以下操作：

①创建工作平面和工作点。

②投影到二维草图以创建截面轮廓几何图元或参考的曲线。

③为旋转特征提供旋转直线。

④为装配约束提供参考。

⑤为工程图尺寸提供参考。

⑥为三维草图提供参考。

⑦为环形阵列提供参考。

⑧创建对称直线。

（3）工作点。

工作点是与特征或定位特征相关的点。工作点包括默认的基准中心点，也可根据需要创建工作点，并使用现有特征、平面或轴来定位工作点，如图 4－18（b）所示。

使用工作点可执行以下操作：

①创建工作平面和工作轴。

②投影到二维草图以创建参考点。

③为装配约束提供参考。

④为工程图尺寸提供参考。

⑤为三维草图提供参考。

⑥定义坐标系。

3. 创建和修改特征

在零件中创建的第一个特征是基础特征。基础特征通常基于草图截面轮廓，并表示零件最基本的形状。基础特征也可以是输入的基础实体，或是创建的定位特征。其余特征都是基于基础特征而创建的，并最终完成整个零件的造型。

草图特征取决于草图几何图元。零件的基础特征通常是一个草图特征。可以选择现有零件的一个面或在一个工作平面上绘制草图，草图以网格定义的方式显示出来。使用拉伸、旋转、扫掠、放样、贴图等命令可以创建各种特征。

（1）放样特征。

使用"放样"工具，可以通过对多个截面轮廓进行过渡，将它们转换成截面轮廓或零件面之间的平滑形状来创建放样特征或实体。

创建放样特征时，可使用现有面作为放样的起始和终止面。在起始和终止面上创建草图，草图面的边可被选中。如果使用平面或非平面的回路，可以直接选择。"放样"对话框如图 4-19 所示，具体设置如下：

①在"曲线"选项卡的"输出"中，单击实体或曲面。

②单击"截面"，然后按顺序单击要放样的截面轮廓。如果草图中有多个回路，应先选择草图，然后选择曲线或回路。

③单击"轨道"，添加用于控制形状的二维或三维曲线。截面必须与轨道相交。

④单击"封闭回路"复选框，连接放样的开始和终止截面轮廓。

⑤单击"合并相切面"复选框，保证不会将边创建在相切表面间。

⑥单击"添加""切削"或"求交"按钮。

⑦在"条件"选项卡上，单击起始和终止截面轮廓并指定边界条件。

⑧在"过渡"选项卡中，默认选项为"自动映射"，可以清除复选框以修改自动创建的点集、添加点或删除点。

⑨单击"确定"完成放样操作。

图 4-19 "放样"对话框

（2）扫掠特征。

使用"扫掠"工具，可沿选定路径移动或扫掠一个或多个草图截面轮廓来创建特征。路径可以是开放回路或闭合回路。"扫掠"对话框如图 4-20 所示。

图 4-20　"扫掠"对话框

沿路径扫掠截面轮廓，可用于沿某个轨迹具有相同截面轮廓的对象。

沿路径和引导轨道扫掠截面轮廓，可用于具有沿某个轨迹缩放或扭曲的不相同截面轮廓的对象。引导轨道控制扫掠截面轮廓的缩放和扭曲。

沿路径和引导曲面扫掠截面轮廓，可用于具有沿某个非平面轨迹扫掠相同截面轮廓的对象。引导曲面控制扫掠截面轮廓的缩放和扭曲。

创建扫掠的方法如下：

①单击"路径"，然后选择三维草图或平面路径草图。

②从"类型"列表中选择"路径"。

③单击路径的方向。

路径：使扫掠截面轮廓相对于路径保持不变。

平行：使扫掠截面轮廓平行于原始截面轮廓。

④输入扫掠斜角，图形窗口中会出现一个显示扫掠斜角方向的符号。

⑤与其他特征进行"添加""切割""求交"。

⑥单击"实体"或"曲面"。

（3）圆角。

圆角特征可将圆角或圆边添加到多条零件边、两个或三个相邻面或面集之间。圆角特征可在内边上添加材料，创建从一个面到另一个面的平滑过渡，也可从外边上去除材料，创建光滑过渡。圆角特征可以在一次操作中创建等半径边圆角（图 4-21）和变半径边圆角以及不同尺寸的边圆角。

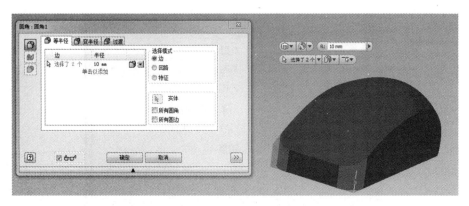

图 4-21　等半径边圆角

创建变半径边圆角和圆边时，可以选择从一个半径到另一个半径的平滑过渡，也可以选择半径之间的线性过渡，如图 4-22 所示。

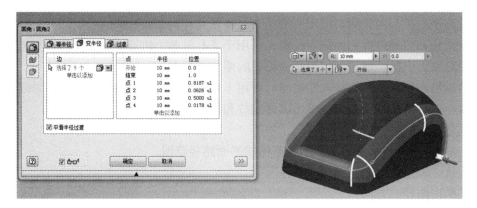

图 4-22　变半径边圆角

（4）抽壳。

抽壳可去除零件内部材料，创建一个指定厚度的型腔零件，"抽壳"对话框如图 4-23所示。具体设置如下：

①单击"开口面"，可在图形窗口中选择要去除的面。

②单击"实体"，可选择参与实体。

③单击"方向"，可指定从所选面的表面进行抽壳偏移的方向，包括向内、向外或双向三种类型。

④输入厚度值。

图 4-23 "抽壳"对话框

（5）贴图特征。

贴图命令常用于标签设计等，该命令可把草图中的图像转换为覆盖曲面的图像，实现在模型面上放置贴图，"贴图"对话框如图 4-24 所示。图像可在相关的图像处理软件如 Photoshop 中进行处理。

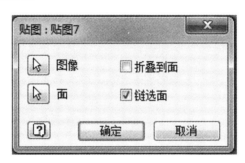

图 4-24 "贴图"对话框

创建贴图时，首先应在草图中插入图像，通过使用约束和尺寸对其进行定位，然后可选择该图像用于贴图特征。使用草图命令可对图像进行精确定位、调整大小和方向。

将图像放入草图平面后，可进行如下操作：

①单击图像中心，拖动可对其进行移动。

②单击图像的一角，拖动可调整图像大小。图像将保持原始纵横比（长度与宽度之间的比例关系）。

③单击一条边可转动图像。

最后，使用几何约束和尺寸可固定贴图的位置，并使其与其他几何图元对齐。

4. 外观设置

外观可以精确地表示零件中使用的材料。外观可按类型列出，每种类型都包含相关特性，如颜色、图案、纹理图像和凸纹贴图等。这些特性结合起来可提供唯一的外观。在外观浏览器中，可以访问当前文档中的所有外观资源以及项目文件中定义的可访问库中的所有外观资源。外观浏览器如图 4－25 所示。

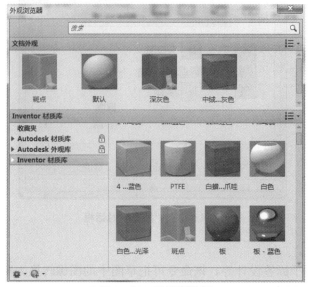

图 4－25　外观浏览器

4.3　产品建模的图像处理

利用 Photoshop 平面图像处理的相关功能，可对产品造型及其中的图片进行处理，形成造型美观的三维模型。

4.3.1　Photoshop 界面

Photoshop 界面如图 4－26 所示，包括以下六个部分：

图 4－26　Photoshop 界面

（1）属性栏——用于设置工具箱中各个工具的参数，当用户选中工具箱中的某个工具时，属性栏就会变成相应的属性设置选项，用户可以很方便地利用它设定工具的各种属性。

（2）图像窗口——图像文件的显示区域，也是可以编辑或处理图像的区域。在图像窗口中可以实现所有的编辑功能，也可以对图像进行多种操作，如改变窗口的大小和位置、对窗口进行缩放、最大化与最小化窗口等。图像的各种编辑操作都是在此区域进行的。

（3）状态栏——在窗口的下方，用来显示图像文件信息和提供一些当前操作的帮助信息。

（4）工具箱——包括 Photoshop 内置的所有工具。

（5）调板——用于完成各种图像处理操作和工具参数设定。

（6）桌面——用于放置工具箱、调板和图像窗口的区域。

4.3.2　创建与编辑选区

图像处理的很多操作是针对局部图像进行的，因此需要将这些图像选择出来再进行处理。Photoshop 中提供了多种选区创建工具，包括矩形选框工具、椭圆选框工具、套索工具和魔棒工具等，同时还可实现对选区进行变换和编辑，如图 4-27 所示。

 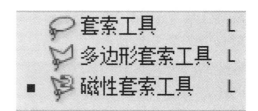

图 4-27　选区创建工具

1. 椭圆选框工具

选择椭圆选框工具后，在图像中按住鼠标左键拖曳，即可选择一个椭圆选取区域，如图 4-28 所示。若按住【Shift】键再进行拖曳，还可绘制圆形选取区域。

图 4-28　椭圆选框工具

椭圆选框工具可设置选项如下：

（1）工具设定按钮——可打开工具选择列表，并可选择其他任意工具，同时将属性栏改变成对应工具的参数。

（2）选择范围运算——可对选区进行增或减运算。

（3）羽化——当设置羽化值大于 0 的时候，选区边缘将生成由选区中心向外渐变的半透明效果，以模糊选区的边缘，取值范围可为 0～250 像素之间。

（4）消除锯齿复选框——可将所选区域边界的锯齿边缘消除。

2. 套索工具

套索类工具采用徒手画的方式描绘出不规则形状的区域。被选定的图像区域边界会显示一条流动的虚线，对虚线以内的选定区域可以进行任意操作，虚线以外的区域不能进行操作。这些工具包括套索工具、多边形套索工具和磁性套索工具。

套索工具通过拖曳鼠标构成任意形状的选取区域，还可通过单击鼠标，再按下【Alt】键，实现点与点之间直线相连。在按下【Alt】键的同时，拖动鼠标，也能形成任意曲线；若释放鼠标和【Alt】键，选取的起点与终点就会以直线相连，从而构成任意形状的封闭选区。

多边形套索工具可在图像中选取出不规则的多边形。使用时只需在合适的地方单击鼠标，就会自动与前一点连接成直线。在创建选区的中间任意一点双击鼠标，则多边形会自动将最后单击处与起点处连接起来，形成封闭的多边形选区。

磁性套索工具可在图像中选取出不规则且图形颜色与背景颜色反差较大的区域。需要处理的图形与背景颜色反差越明显，则磁性套索工具选取区域就越精确。磁性套索工具选取区域示例如图 4-29 所示。

图 4-29　磁性套索工具选取区域示例

3. 魔棒工具

魔棒工具也可用来选择图像的不规则区域。它可以自动辨别相同的色彩，并将其选取到选取区域中。

4.3.3　图层概念

图层是实现图像合成效果的重要途径。可以将不同的图像放在不同的图层上进行独立操作，且对其他图层没有影响。一幅图像最多只能有一个背景图层，但可以有多个普通图层。

Photoshop 编辑的图像可包括多个图层，"图层"调板用于管理和操作图层。"图层"调板可实现创建、删除及编辑图层等操作，如图 4-30 所示。

图 4-30　"图层"调板

"图层"调板中的图层位置对应在图像中的位置，也就是位于"图层"调板底部的图层就是图像的背景图层，图像中位于最上方的图层在"图层"调板中就位于最顶部。而"图层"调板中图层的次序直接影响图像的显示效果，上方的图层总是会遮盖其底部的图层。

在编辑图像时，可以调整个别图层之间的叠放次序，从而改变图像的实际效果。在"图层"调板中，选择需要更改位置的图层，按住鼠标左键，将图层向上或向下拖移，当突出显示的虚线出现在需要放置的位置时，松开鼠标按钮，则图层会移动到此位置。

4.3.4　图层分类

背景图层：永远在图层的最底部，不可调节透明度、图层样式、蒙版，但可以使用画笔、渐变、图章和修饰工具。

普通图层：可以完成一切图层操作。

调整图层：可以在不破坏原图的情况下，对图像进行色相、色阶、曲线等操作。

填充图层：一种带蒙版的图层，内容为纯色、渐变和图案。填充图层可以转换成调整图层，通过编辑蒙版制作融合效果。

文字图层：可通过文字工具创建。文字图层不可进行滤镜、图层样式等操作。

形状图层：可以通过形状工具和路径工具创建，内容被保存在其蒙版中。

4.3.5 图层混合模式

图层混合模式可将当前图层与下面的图层进行混合，产生另外一种图像显示效果。Photoshop 提供了如正常、溶解、变暗、正片叠底、变亮等多种不同色彩混合模式（图 4-31），每种可产生不同的效果。

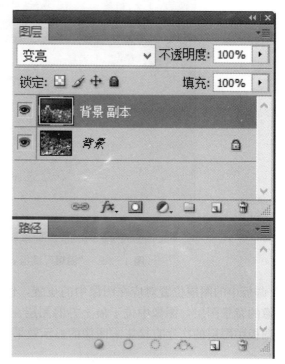

图 4-31　图层混合模式

（1）当前两个图层重叠时，默认状态为正常类型，即编辑或绘制的每个像素将成为结果色。

（2）溶解指根据像素位置的不透明度，结果色由基色或混合色的像素随机替换。

（3）变暗可查看每个通道中的颜色信息，并选择基色或混合色中较暗的颜色作为结果色。

（4）正片叠底可查看每个通道中的颜色信息，并将基色与混合色复合。结果色总是较暗的颜色，任何颜色与黑色复合都产生黑色，任何颜色与白色复合都保持不变。当用其他颜色绘画时，绘画工具绘制的连续描边产生逐渐变暗的颜色。滤色模式和正片叠底相反，它是将绘制的颜色与底色的互补色相乘，然后再除以 255，得到的结果就是最终的效果。用这种模式转换后的颜色通常比较浅，具有漂白的效果。

（5）变亮是查看每个通道中的颜色信息，并选择基色或混合色中较亮的颜色作为结果色，比混合色暗的像素被替换，比混合色亮的像素保持不变。变亮模式效果如图 4-32所示。

图 4-32　变亮模式效果

（6）色相是用基色的亮度和饱和度以及混合色的色相创建结果色。饱和度是用基色的亮度和色相以及混合色的饱和度创建结果色。

（7）颜色是用基色的亮度以及混合色的色相和饱和度创建结果色。这样对于给单色图像上色和给彩色图像着色都会非常有效。明度模式创建与颜色模式效果相反，是用基色的色相和饱和度以及混合色的亮度创建结果色。

4.3.6　图层样式

使用 Photoshop 的图层样式命令，可快速实现改变图层内容的外观，得到各种各样的特殊效果，例如投影、发光、浮雕等。

当图层具有样式时，"图层"调板中该图层名称的右边会出现相关图标。可以在"图层"调板中展开样式，这样可以查看组成样式的所有效果。

"样式"调板是由许多图层效果组成的集合，点击"图层"调板上要使用样式的图层，打开"样式"调板并单击调板上的样式，就可将样式应用到图层上。

4.3.7　图层样式设置

使用图层"混合选项"对话框，用户可以设置图像的合成效果。

1. 混合选项设置

常规混合：用于选择图层的色彩混合模式。"不透明度"用于设置当前图层的不透明度，如图 4-33 所示。

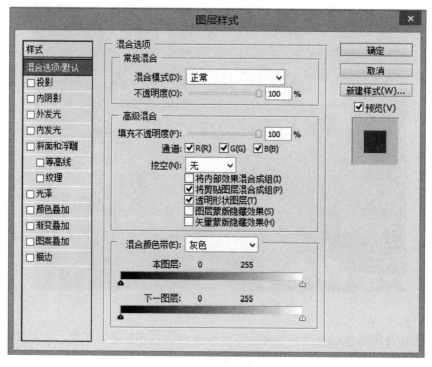

图4-33　图层样式设置

高级混合："通道"复选框用于控制单独通道的混合，"挖空"选项用于控制通过内部透明区域的视图，"将内部效果混合成组"复选框用于将内部形式的图层效果与内部图层一起混合。

混合颜色带：设置进行混合的像素范围。下拉菜单可用于选择颜色通道，并可与当前的图像色彩模式相对应。

本图层：设置当前图层所选通道中参与混合的像素范围，在左右两个三角形滑块之间的像素就是参与混合的像素范围。

下一图层：设置当前图层的下一图层中参与混合的像素范围。

2. 投影和内阴影

投影和内阴影是图层样式提供的两种阴影效果。投影是在图层对象背后产生阴影，从而产生投影的视觉；而内阴影则是在图层边缘以内区域产生一个图像阴影，使图层具有凹陷外观。"内阴影"可设置不透明度、角度、距离、大小等参数，如图4-34所示。

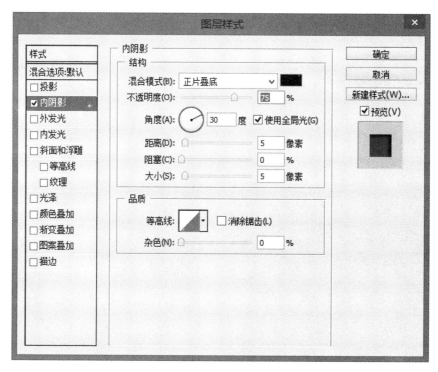

图 4-34 内阴影设置

3. 外发光和内发光

外发光在图像边缘外部产生辉光效果，内发光在图像边缘内部产生辉光效果。

4.3.8 图层蒙版

图层蒙版可以控制图层中的不同区域如何被隐藏或显示。更改图层蒙版，可以将特殊效果应用到图层，但不会影响该图层上的像素。

创建图层蒙版后，图层就与它的图层蒙版实现了链接，用移动工具移动它们中的任意一个时，图层和图层蒙版都将在图像中一起移动。

矢量蒙版可在图层上创建锐边形状，当需要添加边缘清晰分明的设计元素时，就可使用矢量蒙版。使用矢量蒙版创建图层之后，可以添加图层样式，也可以编辑图层样式。

4.4 产品三维建模实例

4.4.1 新建文件

在标准工具栏上，单击"文件"菜单中的"新建"命令。在"公制"选项卡上，双击"Standard（mm）.ipt"图标。左边浏览器中会列出新零件和草图，并激活草图环境。

4.4.2 绘制杯底草图

（1）在"二维草图面板"上单击"圆"工具。在图形窗口左侧单击以指定圆心点，将光标向右移动大约 35 个单位，然后单击绘制圆；再在大圆顶部绘制一直径约为 15 个单位的小圆，如图 4－35 所示。

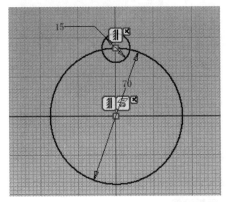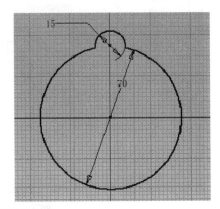

图 4－35　绘制草图

在绘制草图时，动态显示在图形窗口的图框中的当前点坐标是相对于草图原点的。若绘制直线，则直线角度是相对于草图 X 轴的。绘制草图时，约束的符号将显示在当前直线点的旁边。

如果半径为 35 个单位的圆不能在图形窗口中完全显示，可使用"缩放"工具缩小图形。

（2）添加草图几何约束。单击草图面板的"约束"工具，选择大圆圆心和小圆圆心，添加竖直约束。

（3）添加草图尺寸约束。单击"通用尺寸"工具，选择要标注尺寸的大圆，双击打开"编辑尺寸"框，输入 70。同理，选择小圆，标注直径为 15。

（4）修剪。使用"修改"工具中的"修剪"命令，将多余的圆弧线删除。

（5）环形阵列。单击"阵列"工具中的"环形阵列"命令，在对话框中输入参数，选择直径为 15 的小圆弧，旋转轴为大圆圆心，阵列数量为 8，旋转角度为 360°，单击确定，如图 4－36 所示。

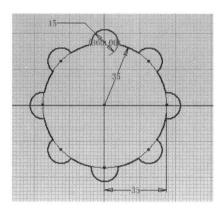

图 4-36　环形阵列

4.4.3　创建杯顶工作平面

单击"定位特征"工具中的"平面"命令，选择浏览器中"原始坐标系"中的 XY 基准面，在窗口空白处拖动工作平面，在弹出的窗口中输入偏移值 120，如图 4-37 所示。

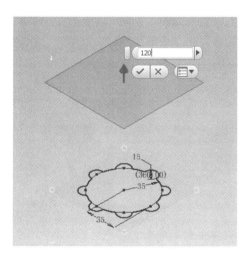

图 4-37　创建杯顶工作平面

4.4.4　绘制杯顶草图

在创建的工作平面上新建草图，投影杯底草图的圆心，并使用绘制圆的命令，绘出直径为 150 的圆，如图 4-38 所示。

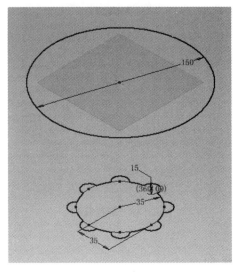

图 4-38 绘制的杯顶草图

4.4.5 放样

单击"特征创建"工具中的"放样"命令，由于上下两草图是对心的，因此在对话框中分别选择杯底草图和杯顶草图为截面，单击"确定"完成命令，如图 4-39 所示。

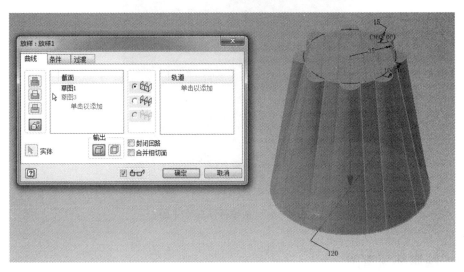

图 4-39 放样设置

4.4.6 抽壳

单击"特征修改"工具中的"抽壳"命令，选择杯顶面为开口面，设置厚度值为1 mm，完成抽壳操作，如图 4-40 所示。

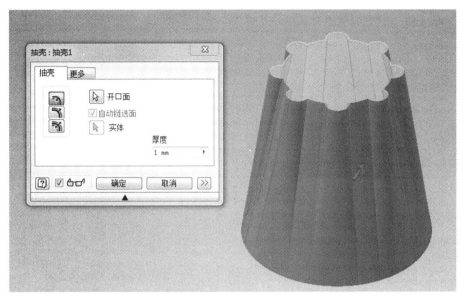

图 4-40　抽壳设置

4.4.7　修改颜色

修改创建水杯造型时系统自动设定的颜色样式，选定透明黄色样式，如图 4-41 所示。

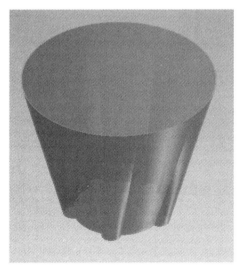

图 4-41　修改颜色

4.4.8　杯底图像处理

启动 Photoshop 软件，打开如图 4-42 所示的两个图像文件。

图 4-42 两个图像文件

使用磁性套索工具选取黄色小鱼对应的不规则区域，并使用图层合成方法进行处理。处理后可得到如图 4-43 所示的贴图图像。

图 4-43 贴图图像

4.4.9 在杯底草图中插入图像

进入水杯底面的草图环境中，单击"插入"工具的"图像"命令，选择在 Photoshop 下合成好的 bmp 格式的图像文件，插入草图中。

使用几何约束和尺寸约束，将图像调整到草图中的合适位置，并设置图像特性，如图 4-44（a）所示。

4.4.10 杯底贴图

单击"特征创建"工具的"贴图"命令，选择"图像"和"贴图面"，确定完成操作，贴图效果如图 4-44 （b）所示。

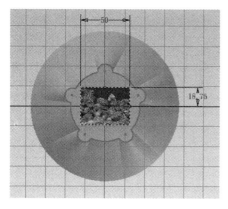

（a）图像草图　　　　　　　　　　　（b）贴图效果

图 4-44　杯底贴图

4.4.11　保存文件

单击"保存"命令保存文件，完成水杯的造型设计。

第 5 章　玩具设计产品在互联网上的宣传应用

5.1　教学目的

随着计算机技术的飞速发展及其在各行业的日益渗透，当前，企业的产品设计已普遍采用 AutoCAD 来完成。为扩大影响、收集反馈信息，从而最终赢得客户，将设计好的产品在互联网上进行展示宣传已越来越成为一种有力的手段。然而，仅凭 AutoCAD 绘制的图纸单调、刻板，对大众没有吸引力，显然不能直接用于宣传，但如果直接采用 Photoshop、Flash 等制作宣传内容，又会丧失产品本身的精确尺寸和结构，显得不可信。因此，综合运用工程和传媒类的软件，对 AutoCAD 绘制出的产品进一步利用 Flash 等工具进行美化和包装，并以网页的形式在互联网上发布，就成为企业进行宣传的一种重要途径。

本章以一个玩具机器人的互联网宣传为案例，介绍通过这些工具软件的综合运用，达到对设计产品包装宣传的目的。案例首先采用 AutoCAD 对机器人进行产品设计，然后将设计图导入 Flash 中进行编辑和动画制作，并以网页形式发布。接着，通过 JDK、MyEclipse、Tomcat、MySQL、Dreamweaver 等软件的安装和配置，搭建一个完整的 Java Web 开发平台。最后，在该平台上利用 Dreamweaver 对 Flash 发布的网页进行表单的添加，用以收集用户的反馈信息，并利用 MyEclipse 编程实现将用户反馈信息写入数据库，同时也允许用户查看其他所有用户的反馈信息。本章学习的目的是让学生认识到这些相关软件之间的联系，掌握综合运用这些软件的能力，从而适应现代企业对人才综合素质能力的需求。

5.2　使用 AutoCAD 设计玩具机器人

我们设计的玩具机器人效果图如图 5-1 所示。可以看出，该玩具机器人是由一系列矩形、圆、椭圆、圆弧等基本图形构成的，因此对该产品的设计就是通过绘制这些基本图形完成的。我们在 AutoCAD 2014 中采用命令行的方式对该产品进行设计。

图 5－1　玩具机器人效果图

　　首先，进入 AutoCAD 2014 的经典工作界面，如图 5－2 所示。在该界面中，命令行位于绘图窗口的底部，是键入命令和显示提示信息的区域，如图 5－3 所示。选择"工具"→"新建 UCS"→"原点"菜单命令，单击屏幕中央某处，将用户坐标原点定位于鼠标点击处。

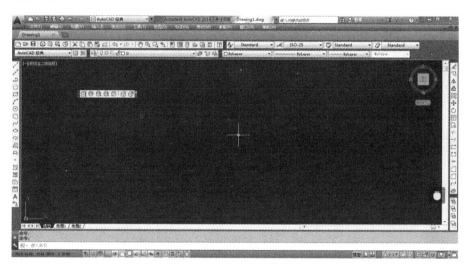

图 5－2　AutoCAD 2014 经典工作界面

图 5－3　命令行

5.2.1　绘制玩具机器人的身体

　　玩具机器人的身体通过绘制一个大小为 $400×600$ 的矩形来完成，这里将玩具机器人身体的中心位置设定于用户坐标原点。在命令行中依次输入下列命令和参数：

命令：REC↙

指定第一个角点或［倒角（C）/标高（E）/圆角（F）/厚度（T）/宽度（W）］：−200，−300↙

指定另一个角点或［面积（A）/尺寸（D）/旋转（R）］：200，300↙

绘制结果如图5-4所示。

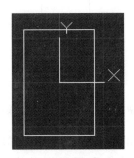

图5-4　绘制机器人的身体

5.2.2　绘制玩具机器人的头和颈

玩具机器人的颈由一个50×100大小的矩形构成，头由一个300×300大小的圆角矩形构成。在命令行中依次输入下列命令和参数：

命令：REC↙

指定第一个角点或［倒角（C）/标高（E）/圆角（F）/厚度（T）/宽度（W）］：−50，300↙

指定另一个角点或［面积（A）/尺寸（D）/旋转（R）］：50，350↙

命令：REC↙

指定第一个角点或［倒角（C）/标高（E）/圆角（F）/厚度（T）/宽度（W）］：F↙

指定矩形的圆角半径＜0.0000＞：50↙

指定第一个角点或［倒角（C）/标高（E）/圆角（F）/厚度（T）/宽度（W）］：−150，350↙

指定另一个角点或［面积（A）/尺寸（D）/旋转（R）］：150，650↙

绘制结果如图5-5所示。

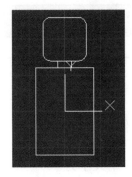

图5-5　绘制玩具机器人的头和颈

5.2.3 绘制玩具机器人的眼、耳和嘴

玩具机器人的两只眼分别由一个 $\phi 50$ 的圆实现，两只耳分别由一个 $\phi 100$ 的半圆弧实现，而嘴则由一个长轴、短轴分别为 80 和 50 的椭圆实现。在命令行中依次输入下列命令和参数：

命令：CIRCLE↙

指定圆的圆心或 ［三点（3P）/两点（2P）/切点、切点、半径（T）］：−75，575↙

指定圆的半径或 ［直径（D）］：25↙

命令：CIRCLE↙

指定圆的圆心或 ［三点（3P）/两点（2P）/切点、切点、半径（T）］：75，575↙

指定圆的半径或 ［直径（D）］：25↙

命令：ARC↙

指定圆弧的起点或 ［圆心（C）］：−150，450↙

指定圆弧的第二个点或 ［圆心（C）/端点（E）］：−200，500↙

指定圆弧的端点：−150，550↙

命令：ARC↙

指定圆弧的起点或 ［圆心（C）］：150，450↙

指定圆弧的第二个点或 ［圆心（C）/端点（E）］：200，500↙

指定圆弧的端点：150，550↙

命令：ELLIPHOTOSHOPE↙

指定椭圆的轴端点或 ［圆弧（A）/中心点（C）］：−40，425↙

指定轴的另一个端点：@80，0↙

指定另一条半轴长度或 ［旋转（R）］：25↙

绘制结果如图 5−6 所示。

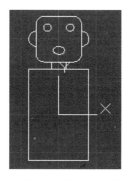

图 5−6 绘制玩具机器人的眼、耳和嘴

5.2.4　绘制玩具机器人的左手和右手

玩具机器人的左手由一个大小为 100×300 的矩形、一个大小为 100×200 的矩形及一个 $\phi100$ 的半圆弧构成；右手由相同元素构成，且各元素相对于左手对称地摆放。在命令行中依次输入下列命令和参数：

命令：REC↙

指定第一个角点或 ［倒角（C）/标高（E）/圆角（F）/厚度（T）/宽度（W）］：$-500,0$↙

指定另一个角点或 ［面积（A）/尺寸（D）/旋转（R）］：@300，100↙

命令：REC↙

指定第一个角点或 ［倒角（C）/标高（E）/圆角（F）/厚度（T）/宽度（W）］：$-500,100$↙

指定另一个角点或 ［面积（A）/尺寸（D）/旋转（R）］：@100，200↙

命令：ARC↙

指定圆弧的起点或 ［圆心（C）］：$-500,300$↙

指定圆弧的第二个点或 ［圆心（C）/端点（E）］：@50，50↙

指定圆弧的端点：@50，-50↙

命令：REC↙

指定第一个角点或 ［倒角（C）/标高（E）/圆角（F）/厚度（T）/宽度（W）］：200，0↙

指定另一个角点或 ［面积（A）/尺寸（D）/旋转（R）］：@300，100↙

命令：REC↙

指定第一个角点或 ［倒角（C）/标高（E）/圆角（F）/厚度（T）/宽度（W）］：400，100↙

指定另一个角点或 ［面积（A）/尺寸（D）/旋转（R）］：@100，200↙

命令：ARC↙

指定圆弧的起点或 ［圆心（C）］：400，300↙

指定圆弧的第二个点或 ［圆心（C）/端点（E）］：@50，50↙

指定圆弧的端点：@50，-50↙

绘制结果如图 5-7 所示。

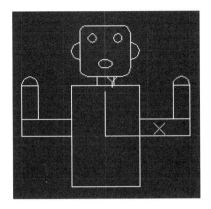

图 5-7 绘制玩具机器人的左手和右手

5.2.5 绘制玩具机器人的左腿和右腿

玩具机器人的左腿和右腿都是由一个大小为 100×500 的矩形及一个大小为 100×150 的矩形构成，左腿和右腿元素对称地摆放。在命令行中依次输入下列命令和参数：

命令：REC↙

指定第一个角点或 ［倒角 (C) /标高 (E) /圆角 (F) /厚度 (T) /宽度 (W)］: −150，−300↙

指定另一个角点或 ［面积 (A) /尺寸 (D) /旋转 (R)］: @100，−500↙

命令：REC↙

指定第一个角点或 ［倒角 (C) /标高 (E) /圆角 (F) /厚度 (T) /宽度 (W)］: 150，−300↙

指定另一个角点或 ［面积 (A) /尺寸 (D) /旋转 (R)］: @−100，−500↙

命令：REC↙

指定第一个角点或 ［倒角 (C) /标高 (E) /圆角 (F) /厚度 (T) /宽度 (W)］: −25，−800↙

指定另一个角点或 ［面积 (A) /尺寸 (D) /旋转 (R)］: @−150，−100↙

命令：REC↙

指定第一个角点或 ［倒角 (C) /标高 (E) /圆角 (F) /厚度 (T) /宽度 (W)］: 25，−800↙

指定另一个角点或 ［面积 (A) /尺寸 (D) /旋转 (R)］: @150，−100↙

绘制结果如图 5-8 所示。

图 5—8 绘制玩具机器人的左腿和右腿

通过上述步骤，在 AutoCAD 2014 中完成了对玩具机器人的设计。为将设计图顺利导入 Flash CS5 进一步编辑，这里将所作内容以 DXF 格式的交换图形方式保存。选择"文件"→"保存"菜单命令，在弹出的"图形另存为"对话框中，设置保存路径为"桌面"，文件名称为"Drawing1.dxf"，文件类型为"AutoCAD R12/LT2 DXF（*.dxf)"，如图 5—9 所示。各参数设置完毕，按"保存"按钮即可。

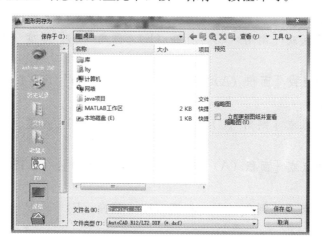

图 5—9 "图形另存为"对话框的参数设置

5.3 使用 Flash 对玩具机器人进行动画编辑

为将设计产品美化加工，我们在 Flash CS5 中对上述绘制结果进行动画编辑。编辑内容包括对玩具机器人的各部位添加颜色，实现遮罩动画的效果以及玩具机器人旋转变化的效果。最后将编辑好的动画内容以网页的形式发布。

5.3.1 将 AutoCAD 设计图导入 Flash

进入 Flash CS5 工作环境，选择"文件"→"新建"菜单命令，弹出"新建文档"对话框，如图 5-10 所示。在该对话框中双击"ActionScript 2.0"选项，在 Flash 文档窗口中创建一个新文档并在工作区中打开该文档。

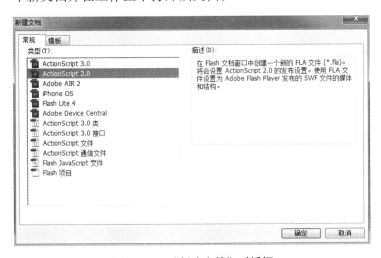

图 5-10 "新建文档"对话框

选择"文件"→"导入"→"导入到舞台"菜单命令，弹出"导入"对话框，如图 5-11 所示。在该对话框中，双击存储在桌面上的 Drawing1.dxf 文件，即可将前面采用 AutoCAD 绘制的玩具机器人导入新建文档的工作区域，如图 5-12 所示。

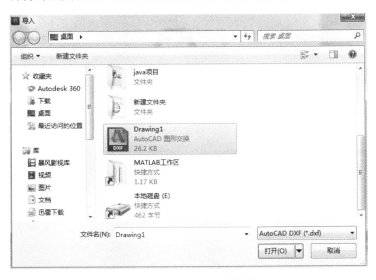

图 5-11 "导入"对话框

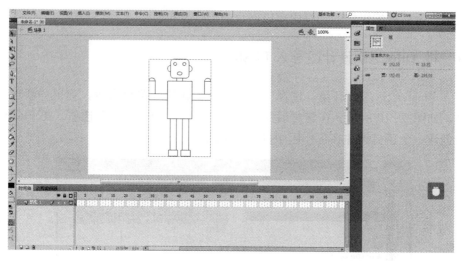

图 5-12 导入结果

5.3.2 动画编辑

为能对玩具机器人的各部位添加不同的颜色，需要将导入的对象打散。在选中玩具机器人的状态下，选择"修改"→"分离"菜单命令即可，结果如图 5-13 所示。

图 5-13 分离操作的结果

鼠标点击绘图工具箱中的"颜料桶工具"按钮，如图 5-14 所示。然后，在"属性"面板中点击"填充颜色"按钮，在弹出的调色板中选择蓝色，如图 5-15 所示。将鼠标移至工作区中玩具机器人的身体部位，单击左键，将颜料桶设置的蓝色填充至玩具机器人的身体部位，效果如图 5-16 所示。按照同样的操作，为玩具机器人的其他部位设置不同的颜色。最后，按住鼠标左键不放，划过玩具机器人的整个区域再松开，将玩具机器人的所有部位选中，选择"修改"→"组合"菜单命令，将打散的机器人的各部位再重新组合为一个整体，效果如图 5-17 所示。

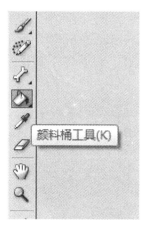

图 5—14　"颜料桶工具"按钮

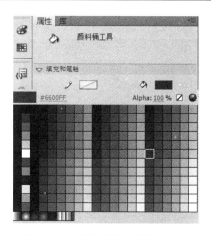

图 5—15　设置颜料桶的填充颜色

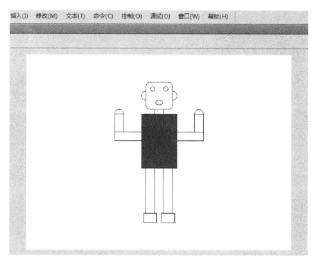

图 5—16　将玩具机器人的身体部位填充为蓝色

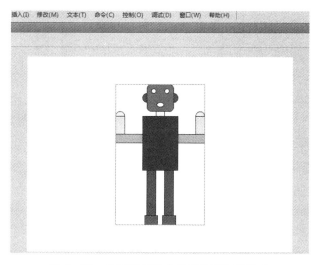

图 5—17　为玩具机器人各部位着色并组合

接下来为玩具机器人制作遮罩动画的效果。鼠标左键点击"时间轴"面板中的"新建图层"按钮，如图 5-18 所示，新建一个图层，Flash 自动为新建图层取名为"图层 2"。鼠标右键点击"图层 2"，在弹出的快捷菜单中选择"遮罩层"，将图层 2 设置为遮罩层，如图 5-19 所示。

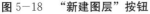

图 5-18　"新建图层"按钮　　　　图 5-19　将图层 2 设置为遮罩层

在选中图层 2 的状态下，用鼠标点击绘图工具箱中的"椭圆工具"按钮，如图 5-20 所示。将鼠标移至工作区，在玩具机器人的中心位置绘制一个小圆（第 1 帧），如图 5-21 所示。

图 5-20　"椭圆工具"按钮　　　　图 5-21　在中心位置绘制小圆

鼠标右键点击图层 2 的第 50 帧，在弹出的快捷菜单中选择"插入空白关键帧"，如图 5-22 所示。按照同样的方法点击图层 1 的第 50 帧，在菜单中选择"插入关键帧"。选择图层 2 的第 50 帧，再点击绘图工具箱的"椭圆工具"按钮，在工作区机器人的中心位置绘制一个大圆，如图 5-23 所示。

图 5-22　选择"插入空白关键帧"　　　　图 5-23　在图层 2 的第 50 帧绘制大圆

　　鼠标右键点击图层 2 的第 1 帧，在弹出的快捷菜单中选择"创建补间形状"，如图 5-24 所示。选择该菜单命令后，Flash 自动在图层 2 的第 1 帧与第 50 帧之间填补其他帧的内容，生成一个由第 1 帧的小圆连续过渡到第 50 帧大圆的变化效果，即生成了一个形状补间动画。创建了形状补间动画的图层 2 的时间轴带有一根长箭头，如图 5-25 所示。

图 5-24　选择"创建补间形状"

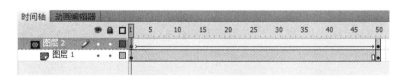

图 5-25　创建了形状补间动画的图层 2 的时间轴

　　遮罩层中的图形就像一个窗口，用户透过该图形窗口可以看到下面图层的内容，而图形窗口以外的区域则不可见。于是，通过遮罩层创建的形状补间动画，综合起来的效果就是一个圆由小变大的过程，用户通过该圆的变化可以逐渐看到玩具机器人的全貌，这就是遮罩动画的效果。图 5-26 显示了制作的遮罩动画在播放时的两个画面，左边是较早时刻的画面，而右边是稍晚时刻的画面。

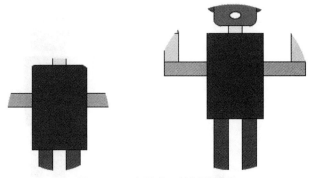

图 5-26　遮罩动画的播放效果

接下来为玩具机器人制作旋转变化的效果，这是通过一个动作补间动画来实现的。鼠标右键点击图层 1 的第 100 帧，在弹出的快捷菜单中选择"插入关键帧"。然后，鼠标右键点击图层 1 的第 50 帧，在弹出的快捷菜单中选择"创建传统补间"，如图 5-27 所示。接着，在"属性"面板中打开"旋转"列表框，选中"顺时针"选项，如图 5-28 所示。Flash 自动在图层 1 第 50 帧至第 100 帧之间填补其他帧的内容，生成一个动作补间动画，实现了机器人顺时针旋转 360°的效果。图层 1 在创建了动作补间动画后，其相应帧段也显示出一根长箭头，如图 5-29 所示。

图 5-27　选择"创建传统补间"

图 5-28　选择"顺时针"选项

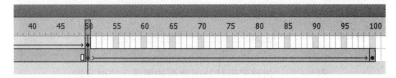

图 5-29　创建了动作补间动画的图层 1 的时间轴

图 5-30 显示了玩具机器人旋转变化时的两幅画面，左边是较早时刻的画面，而右边是稍晚时刻的画面。该动画作品最终播放时综合了遮罩动画和旋转动作补间动画的效果，遮罩动画在前，旋转动作补间动画在后，即用户首先看到一个圆由小变大，通过该变化的圆逐渐看到玩具机器人的全貌；待玩具机器人显示出全貌后，其又按顺时针方向旋转 360°，再回到原位。

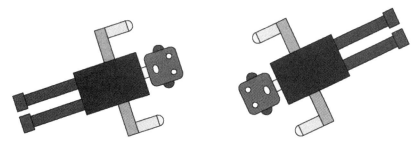

图 5-30　旋转动作补间动画的效果

5.3.3　将编辑结果发布为网页

在 Flash 中完成动画编辑后，需要将编辑结果以某种形式进行发布。Flash 作品既可以 swf 格式的多媒体文件发布，也可以 html 格式的网页文件发布。由于这里制作的动画内容是要以网页的形式在互联网上宣传展示，因此我们将编辑结果以网页形式进行发布。当然，在发布网页文件的同时，也应发布多媒体文件，html 文件中包含 swf 文件，这样才会在网页中看到动画内容。选择"文件"→"发布设置"菜单命令，弹出"发布设置"对话框。在该对话框中，将"HTML（.html）"复选框和"Flash（.swf）"复选框都勾选上，并将两者的存储路径和文件都设置为"esktop/welcome"，只不过一个是 html 格式的文件，一个是 swf 格式的文件，如图 5-31 所示。最后，点击"发布"按钮，就在桌面上生成了一个"welcome.html"文件和一个"welcome.swf"文件。

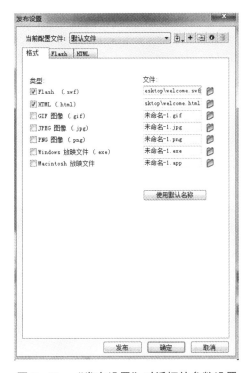

图 5-31　"发布设置"对话框的参数设置

双击桌面上的"welcome.html"网页文件，可以在浏览器中看到以网页形式展现的动画效果，如图5—32所示。

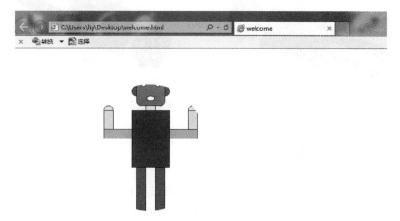

图5—32　浏览器中展现的动画效果

5.4　搭建 Java Web 的开发环境

上一节实现了一张包含展示内容的网页，该网页可直接应用于互联网的宣传展示。为了达到更好的宣传展示的效果，我们进一步为网页添加表单元素，如单选按钮、复选框、文本框等，用于收集用户的反馈信息，同时允许用户查看其他用户的反馈信息。也就是说，我们需要为网页添加与用户交互的能力，并且交互过程中的数据应能通过数据库的访问来动态地获取或存储。为实现这些功能，我们需要在一个完整的 Java Web 开发环境中完成。Java Web 开发环境并不是现成的，需要一步一步地搭建，因此这一节我们专门介绍如何搭建该环境。

一个完整的 Java Web 开发环境包括 JDK、MyEclipse、Tomcat、MySQL、Navicat for MySQL、JDBC 驱动、Dreamweaver 等软件的安装与配置。JDK 是 Java Develop ToolKit 的缩写，意即 Java 开发工具，是 Java 程序开发的核心，包括编译和运行 Java 程序的命令以及 Java API 类库等。若要进行 Java Web 的开发，JDK 是必不可少的工具。MyEclipse 是在 Eclipse 的基础上加上自己的插件开发而成的功能强大的集成开发环境，包括了完备的编码、调试、测试及发布功能，利用它我们可以高效率地完成 Java Web 的开发、发布以及与服务器的整合等。Tomcat 是由 Apache 推出的一款免费的开源 Web 服务器，它的主要作用是提供一个可以让 JSP 和 Servlet 运行的平台。一个 Java Web 项目如要正常运行，必须依靠该平台的支撑和服务。MySQL 是一个小巧的关系型数据库管理系统，提供数据库的相关服务，而 Navicat for MySQL 则提供了对 MySQL 数据库的可视化操作界面，相对命令行的操作方式更为方便快捷。JDBC 是一种用于数据库访问的应用程序编程接口，有了 JDBC，就可以用统一的方法对各种关系数据库进行访问。而 JDBC 数据库访问需要通过 JDBC 驱动程序来实现。Dreamweaver

是一个对网页进行界面设计的可视化工具软件，利用它，可以轻松地以所见即所得的方式为网页添加表格、表单等各种元素。

这些相关软件很容易在网上获取和下载。现在我们将这些软件准备好，统一放在一个文件夹中，然后将该文件夹拷贝到电脑桌面上，方便使用，如图 5−33 所示。

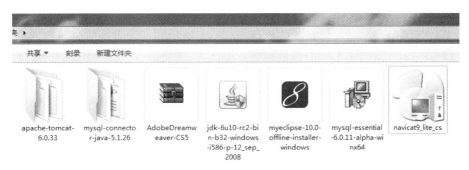

图 5−33　搭建开发环境的相关软件

图 5−33 中，文件"jdk−6u10−rc2−bin−b32−windows−i586−p−12 _ sep _ 2008"是 JDK 软件，文件"myeclipse − 10.0 − offline − installer − windows"是 MyEclipse 软件，文件夹"apache−tomcat−6.0.33"是已解压的 Tomcat 软件，文件"mysql−essential−6.0.11−alpha−winx64"是 MySQL 软件，文件"navicat9 _ lite _ cs"是 Navicat for MySQL 软件，文件夹"mysql−connector−java−5.1.26"是已解压的 JDBC 驱动程序，压缩包"AdobeDreamweaver−CS5"是 Dreamweaver 软件。注意，笔者是在 Win7 64 位操作系统上进行开发环境的搭建，因此这里采用的一些软件是专门针对 64 位系统的。读者的计算机如果是 32 位系统，可自行在网上下载针对 32 位系统的软件进行安装。

接下来，我们就利用这些软件，一步一步地搭建 Java Web 的开发环境。

5.4.1　安装 JDK 及环境变量的配置

鼠标双击"jdk−6u10−rc2−bin−b32−windows−i586−p−12 _ sep _ 2008"文件，开始 JDK 的安装。安装过程按照向导提示一步一步地往下执行即可，过程较为简单，这里不再赘述。这里我们将 JDK 安装在"C：\ Program Files(x86) \ Java \ jdk1.6.0 _ 10"目录中。

JDK 安装成功后，接下来便是对 JDK 环境变量的设置，包括 JAVA _ HOME、classpath 和 Path 三个变量的设置。鼠标右键单击桌面上"我的电脑"或"计算机"图标，在弹出的快捷菜单中选择"属性"，就会进入如图 5−34所示的"系统"窗口。在"系统"窗口中，单击左边的"高级系统设置"选项，弹出"系统属性"对话框，如图 5−35所示。在"系统属性"对话框中单击"环境变量"按钮，弹出"环境变量"对话框，如图 5−36所示。在"环境变量"对话框中，单击"系统变量"下方的"新建"按钮，弹出"新建系统变量"对话框，在其中的"变量名"文本框中输入"JAVA _ HOME"，在"变量值"文本框中输入"C：\ Program Files(x86) \ Java \ jdk1.6.0 _

10"，即 JDK 的安装路径，如图 5—37 所示。设置好后，按"确定"按钮，回到"环境变量"对话框。按照同样的方式，单击"新建"按钮，在弹出的"新建系统变量"对话框中，将"变量名"设置为"classpath"，"变量值"设置为".；%JAVA_HOME%\lib；%JAVA_HOME%\lib\tools.jar"，单击"确定"按钮返回"环境变量"对话框。对于 Path 变量，通常已经存在。在"环境变量"对话框的系统变量中找到 Path 一栏，选中，再单击"编辑"按钮，弹出如图 5—38 所示的"编辑系统变量"对话框，将光标定位于"变量值"文本框的最后位置，输入"；%JAVA_HOME%\bin；%JAVA_HOME%\jre\bin"，单击"确定"按钮回到"环境变量"对话框。在"环境变量"对话框中单击"确定"按钮回到"系统属性"对话框，在"系统属性"对话框中单击"确定"按钮，最后关闭"系统"窗口，JDK 的环境变量设置完毕。如果 JDK 已安装并正确配置了环境变量，就可以运行 Java 程序了。

图 5—34 "系统"窗口

图 5—35 "系统属性"对话框

图 5-36　"环境变量"对话框

图 5-37　"新建系统变量"对话框

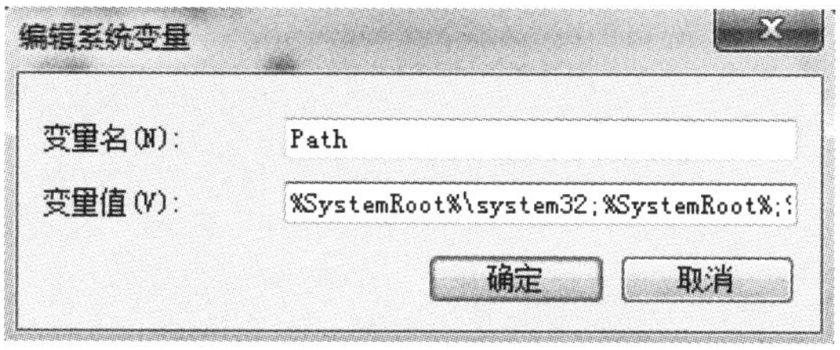

图 5-38　"编辑系统变量"对话框

为验证 JDK 是否正确安装及配置，可通过一个简单的 Java 程序来测试。用"记事本"编辑如下 Java 程序：

public class example {

public static void main (String [] args) {

System. out. println (" This is my first program!");

}

}

将该程序取名为"example. java"，保存在 D 盘根目录下。在"开始"菜单的"运行"对话框中输入"cmd↙"，进入 DOS 环境。在 DOS 命令行下输入"d：↙"切换到

D 盘根目录，输入"javac example. java↙"对 Java 程序进行编译，然后输入"java example↙"运行程序，如能输出"This is my first program!"，如图 5-39 所示，则说明 JDK 已正确安装及配置。

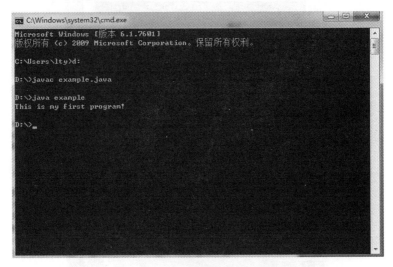

图 5-39　Java 程序的编译与运行

5.4.2　安装 MyEclipse 与 Tomcat 及在 MyEclipse 中配置 Tomcat

鼠标双击"myeclipse-10.0-offline-installer-windows"文件，开始 MyEclipse 软件的安装。安装过程按照向导提示一步一步操作即可，过程较为简单，这里不再赘述。这里我们将 MyEclipse 安装在"C：\ MyEclipse"目录中。安装完毕，点击"开始"菜单中的"MyEclipse 10"菜单项运行 MyEclipse，弹出一个用于设置工作区的对话框，在该对话框中输入"C：\ Workspaces \ MyEclipse 10"，如图 5-40 所示。该路径表示我们以后在 MyEclipse 中开发的项目所存储的地方。在对话框中点击"OK"按钮，就进入了 MyEclipse 的工作界面，如图 5-41 所示。

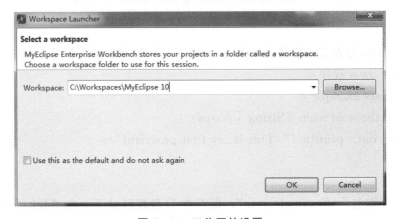

图 5-40　工作区的设置

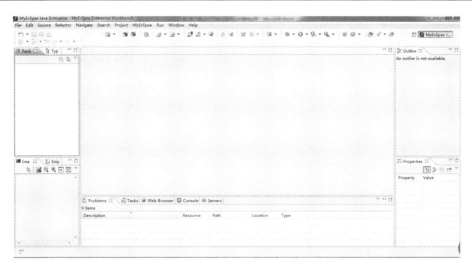

图 5—41　MyEclipse 的工作界面

　　Tomcat 软件无须安装，将文件夹"apache-tomcat-6.0.33"拷贝到 C 盘根目录下即可，同时还需配置一个环境变量 TOMCAT_HOME。按照前述对 JDK 环境变量配置的操作方法，进入"新建系统变量"对话框，在对话框的"变量名"文本框中输入"TOMCAT_HOME"，"变量值"文本框中输入"C：\ apache-tomcat-6.0.33"，然后一路点击"确定"按钮返回即可。

　　若要启动 Tomcat 的 Web 服务，进入"C：\ apache-tomcat-6.0.33 \ bin"目录，双击"startup"批处理文件，会弹出如图 5-42 所示的提示框信息，表示启动了 Tomcat 的 Web 服务。如要验证 Web 服务是否可用，可打开浏览器，在地址栏中输入"http：//127.0.0.1：8080/index. jsp"，如能看到图 5-43 所示的页面，则说明 Web 服务已正常运行。若要关闭 Web 服务，可双击"C：\ apache-tomcat-6.0.33 \ bin"目录下的"shutdown"批处理文件。

图 5—42　Tomcat Web 服务启动的提示信息

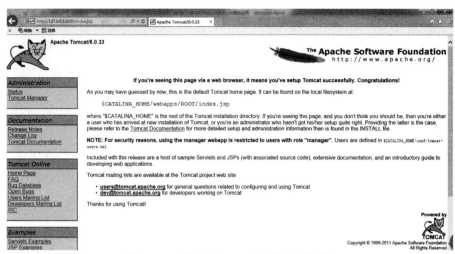

图 5-43　测试 Tomcat Web 服务的页面

　　安装了 MyEclipse 和 Tomcat 后，还需在 MyEclipse 中配置 Tomcat，这样才能将
MyEclipse 中开发的 Web 应用顺利地交由 Tomcat 的 Web 服务器提供支撑和服务，并
且许多对 Tomcat Web 服务器的控制也可方便地在 MyEclipse 环境中完成。进入
MyEclipse 的工作界面，选择"Window"→"Preferences"菜单命令，弹出
"Preferences"对话框。在"Preferences"对话框的搜索文本框中输入"tomcat"，会在
下面列出搜索到的 Tomcat 选项，如图 5-44 所示。

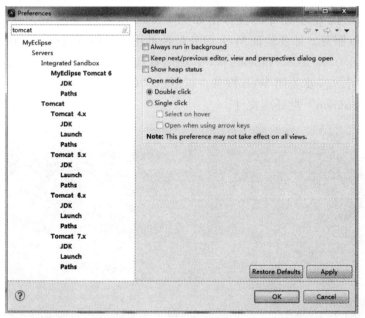

图 5-44　在"Preferences"对话框中搜索 Tomcat 选项

　　单击列出的"Tomcat 6.x"选项，进入 Tomcat 6.x 的属性设置。在右边的属性面板
中选中"Enable"单选按钮，然后将"Tomcat home directory"目录设置为
"C：\apache-tomcat-6.0.33"，即 Tomcat 所在目录，下面的"Tomcat base directory"和

"Tomcat temp directory"两个目录的内容会自动添加进去，如图 5－45 所示。接着单击
"Tomcat 6. x"下面的"JDK"选项，进入 Tomcat 6. x＞Add JDK 的属性设置，单击右边
属性面板中的"Add"按钮，弹出为 Tomcat 6. x 添加 JDK 的对话框。在该对话框中，将
"JRE home"设置为"C：\ Program Files(x86) \ Java \ jdk1. 6. 0 _ 10"，即 JDK 所在的目
录，"JRE name"的内容系统会自动添加进去，如图 5－46 所示。单击"Finish"按钮，返
回 Tomcat 6. x＞Add JDK 的属性面板，打开该面板中"Tomcat 6. x JDK name"列表框，
选择弹出的"jdk1. 6. 0 _ 10"选项，如图 5－47 所示。

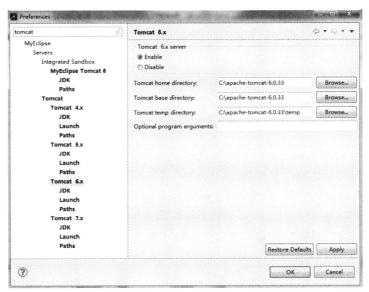

图 5－45　"Tomcat 6. x"的属性设置

图 5－46　为 Tomcat 6. x 添加 JDK

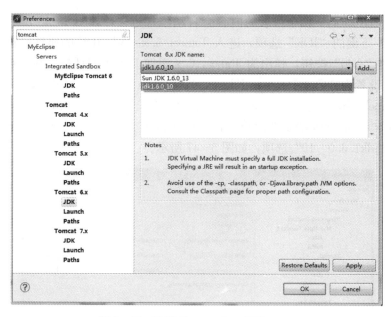

图 5-47　设置 Tomcat 6. x JDK name

接下来单击列出的"MyEclipse Tomcat 6"选项，进入 MyEclipse 自带的 Tomcat 的属性设置，将右边属性面板中的"Disable"单选按钮选中，如图 5-48 所示。最后，单击对话框中的"Apply"按钮，再单击"OK"按钮，即完成了在 MyEclipse 中对 Tomcat 的配置。

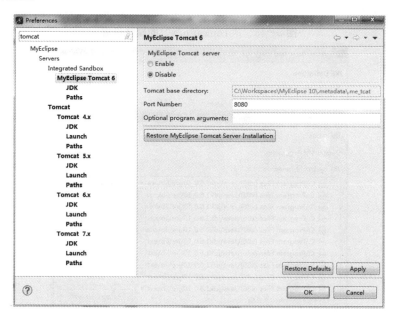

图 5-48　设置 MyEclipse Tomcat 6

5.4.3 安装数据库软件

鼠标双击"mysql−essential−6.0.11−alpha−winx64"文件，开始 MySQL 软件的安装。在安装过程弹出的一系列对话框中一路点击"Next"或"Install"按钮。在安装结束时，显示如图 5−49 所示的对话框，询问是否现在对 MySQL 服务器进行配置。MySQL 安装后需要配置才能正确使用，因此在该对话框中将"Configure the MySQL Server now"复选框选上，同时将"Register the MySQL Server now"复选框取消，单击"Finish"按钮，在随后弹出的两个对话框中单击"Next"按钮，进入如图 5−50 所示的选择配置方式的对话框。在该对话框中选择"Standard Configuration"选项，单击"Next"按钮，进入如图 5−51 所示的对话框。在该对话框中将"Include Bin Directory in Windows PATH"复选框选上，这样系统会自动配置 Path 环境变量，省去了自己手动配置的麻烦。单击"Next"按钮，进入如图 5−52 所示的对话框，该对话框用于设置 root 用户的密码。在对话框的下面两个文本框中都输入"123456"，表示将密码设置为"123456"。因为是第一次安装，不存在当前密码，因此最上面的文本框保留为空。如果希望 root 用户能够远程访问数据库，可以将"Enable root access from remote machines"复选框选上。单击"Next"按钮，进入如图 5−53 所示的对话框，在该对话框中单击"Execute"按钮，系统开始配置 MySQL 服务器。配置结束，显示如图 5−54 所示的对话框，在该对话框中单击"Finish"按钮，就完成了对 MySQL 的安装与配置。这里我们是将 MySQL 安装在"C：\ Program Files \ MySQL \ MySQL Server 6.0"目录下的。

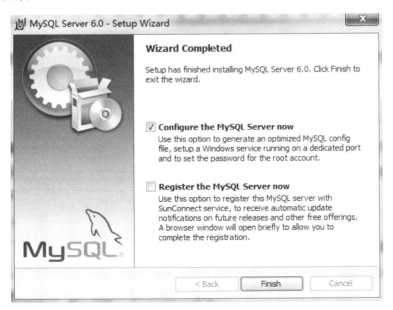

图 5−49 询问是否配置 MySQL 服务器的对话框

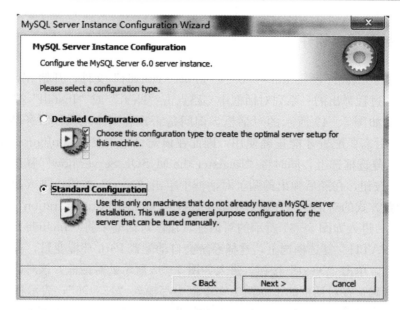

图 5-50 选择配置方式的对话框

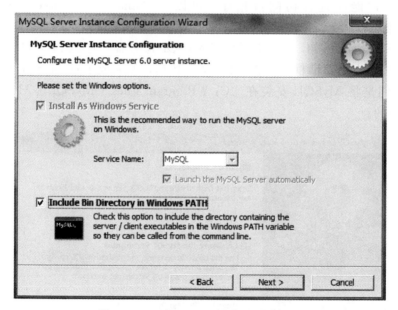

图 5-51 配置 Path 环境变量的对话框

图 5—52 设置 root 用户密码的对话框

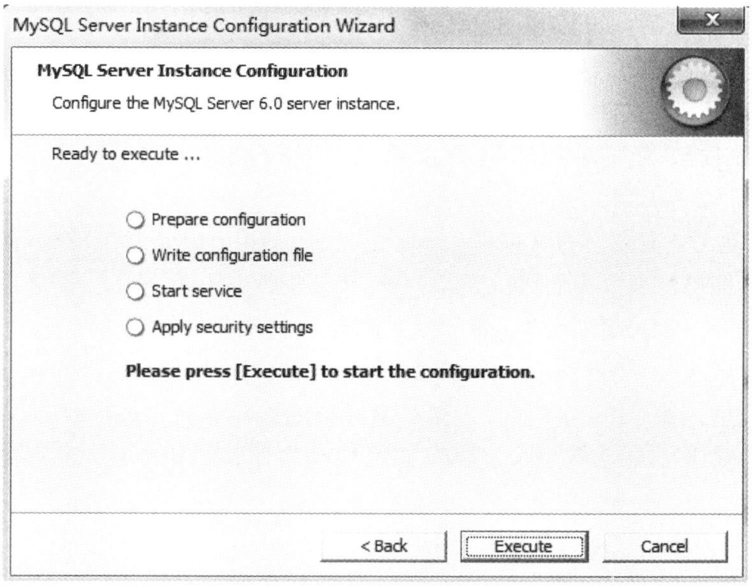

图 5—53 开始配置的对话框

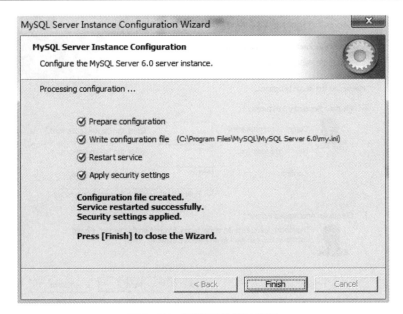

图 5-54 配置完成的对话框

MySQL 安装好后，可以通过命令行操作方式对数据库执行各种操作，但不太方便，Navicat for MySQL 则提供了可视化操作数据库的界面，可以提高效率。双击"navicat9＿lite＿cs"文件，开始 Navicat 软件的安装。安装过程按照向导提示一步一步操作即可，过程较为简单，这里不再赘述。安装完毕，选择"开始"菜单中的"Navicat Lite"菜单项即可运行 Navicat。

JDBC 驱动无须安装，将文件夹"mysql－connector－java－5.1.26"拷贝至某一位置并正确配置即可，这里我们拷贝到与 MySQL 并列的同一目录下，即拷贝到目录"C：\ Program Files \ MySQL"的下面。在文件夹"mysql－connector－java－5.1.26"中有一个文件"mysql－connector－java－5.1.26－bin. jar"，需要在 classpath 环境变量中对它进行配置。按照前述对 JDK 环境变量配置的操作方法，进入对 classpath 变量编辑的对话框，将光标定位于"变量值"文本框的末尾，输入"；C：\ Program Files \ MySQL \ mysql－connector－java－5.1.26 \ mysql－connector－java－5.1.26－bin. jar"，然后一直点击"确定"按钮返回即可。

Dreamweaver 软件的安装较为简单，这里不再赘述。

至此，一个完整的 Java Web 开发环境就搭建起来了。

5.5 对网页的进一步完善

上一节我们搭建起了一个完整的 Java Web 开发环境，接下来就可以在该环境中对前面得到的 welcome. html 网页做进一步编辑和完善。我们在前面制作的 welcome. html 网页只是实现了机器人动画的展示，现在我们希望在该网页中提供一个区域，用户可以在该区域中对产品做出评价，包括对产品满意的程度、是否有购买意愿以及具体的评价意见等，同时也可以查看其他用户对产品的评价内容，从而实现网页与用户的互动。要实现这些功能，我们还需添加两个 JSP 文件，一个用于接收和处理用户提交的评价内容，一个用于从数据库中提取其他用户的评价内容显示给用户。需要做的工作包括对数据库的设计，在 MyEclipse 中创建一个 Web 项目，利用 Dreamweaver 对页面进行界面设计，以及对 JSP 文件的编程等。

5.5.1　设计数据库

为存储用户评价内容，我们需要创建一个数据库，在该数据库中创建一张表，该表包括四个字段，分别存储用户提交的日期时间、用户对满意度的选择、用户的购买意愿以及用户的具体意见。运行 Navicat，进入数据库的可视化操作界面，双击左边面板的"localhost _ 3306"图标，展开数据库列表项，然后右键单击"localhost _ 3306"图标，在弹出的快捷菜单中选择"新建数据库"选项，如图 5-55 所示。系统弹出"创建新数据库"对话框，在该对话框的"输入数据库名"文本框中输入"evainfo"，"字符集"列表框中选择"utf8 — UTF-8 Unicode"选项，如图 5-56 所示，完成后单击"确定"按钮，可以看到在左边面板的数据库列表中出现了新创建的 evainfo 数据库。选中该数据库"表"项，然后单击工具栏的"新建表"按钮，如图 5-57 所示，系统弹出对表的字段进行设置的对话框。在该对话框中，我们为新创建的表添加四个字段，它们的名、类型及长度等按图 5-58 进行设置。其中，"datetime"字段用于存储用户提交的日期时间，"degree"字段用于存储用户的满意度信息，"purchase"字段用于存储用户的购买意愿，"view"字段用于存储用户的具体意见。"datetime"字段设置为主键，设置好后，单击工具栏的"保存"按钮，在弹出的"表名"对话框中的"输入表名"文本框中输入"eva"，如图 5-59 所示，单击"确定"按钮，就完成了对表的创建。

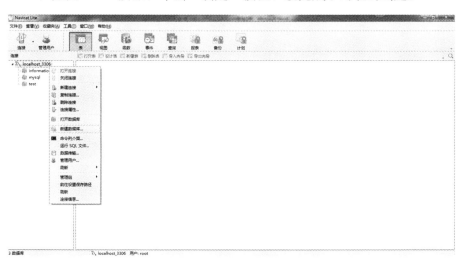

图 5-55　选择"新建数据库"选项

图 5-56　"创建新数据库"对话框

图 5-57　对 evainfo 数据库单击"新建表"工具按钮

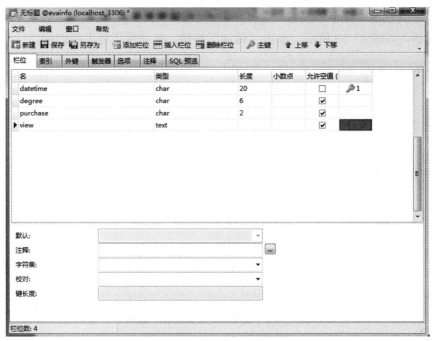

图 5-58　对表中字段的设置

图 5-59　在"表名"对话框中输入表名

5.5.2　在 MyEclipse 中创建一个 Web 项目

进入 MyEclipse 工作界面，选择"File"→"New"→"Web Project"菜单命令，弹出创建 Web 项目的对话框"New Web Project"。在其中的"Project Name"文本框中输入"robot"，并将"J2EE Specification Level"栏中的"Java EE 6.0"单选按钮选中，如图 5-60 所示。完成后单击"Finish"按钮，就创建了一个名为"robot"的 Web 项目。

图 5-60　创建 Web 项目对话框

由于在前面安装 MyEclipse 时，将工作区设置为"C：\ Workspaces \ MyEclipse 10"，因此这里创建的 Web 项目处于目录"C：\ Workspaces \ MyEclipse 10 \ robot"下，网页文件一般放置于其中的"WebRoot"子文件夹下。现在，将前面制作的放置于桌面上的 welcome. html 文件和 welcome. swf 文件拷贝到"C：\ Workspaces \

MyEclipse 10 \ robot \ WebRoot"目录下。返回 MyEclipse 工作界面,在左边的
"Package Explorer"面板中可以看到刚才创建的 Web 项目 robot。鼠标右键点击该项目
名称,在弹出的快捷菜单中选择"Refresh"选项,然后双击项目名称,展开项目下的
各子文件夹,再双击"WebRoot"子文件夹,可以看到我们刚才拷贝到这里的
welcome. html 和 welcome. swf 两个文件,如图 5-61 所示。另外,这其中还有一个
JSP 文件 index. jsp,它是创建项目的时候系统自动创建的,我们利用该文件对用户提
交的内容进行处理。此外,还需要一个 JSP 文件用于提取数据库内容显示给用户,因
此我们需要再建一个 JSP 文件。右键单击 robot 项目名称,在弹出的快捷菜单中选择
"New" → "JSP(Advanced Templates)"菜单项,弹出如图 5-62 所示的创建 JSP 文
件的对话框,保留默认设置不变,直接点击"Finish"按钮,这就为项目添加了一个名
为"MyJsp. jsp"的 JSP 文件,该文件和另一个 JSP 文件及 html 文件处于同一目录下。

图 5-61　项目 robot 的展开

图 5-62　**创建** JSP **文件的对话框**

项目要能访问数据库，自然少不了 JDBC 的支持，因此需要将 JDBC 驱动程序配置到项目的构建路径中。右键单击 robot 项目名称，在弹出的快捷菜单中选择"Build Path"→"Configure Build Path"菜单项，弹出如图 5-63 所示的 Java 构建路径的对话框，默认处于"Libraries"选项卡。单击"Add External JARs…"按钮，弹出选择 JAR 包的对话框，在该对话框中进入"C：\ Program　Files \ MySQL \ mysql - connector-java-5.1.26"目录，双击处于该目录下的"mysql - connector - java - 5.1.26-bin. jar"文件，如图 5-64 所示。返回 Java 构建路径对话框，单击"OK"按钮，就完成了项目构建路径的配置。

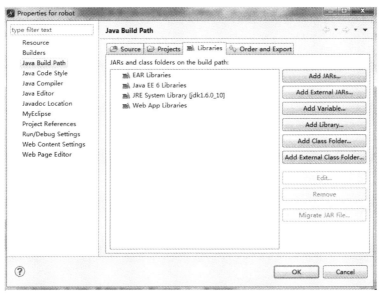

图 5-63　Java **构建路径的对话框**

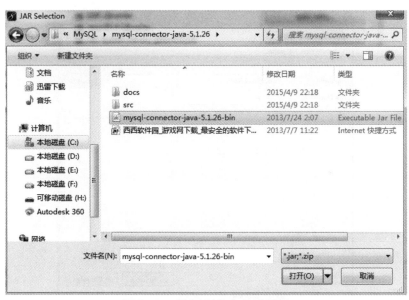

图 5-64 选择 JAR 包的对话框

5.5.3 使用 Dreamweaver 对网页进行界面设计

进入 Dreamweaver CS5 的工作环境，选择"站点"→"新建站点"菜单命令，弹出设置站点属性的对话框，如图 5-65 所示。在其中的"站点名称"文本框中输入"robot"，并将"本地站点文件夹"设置为"C:\Workspaces\MyEclipse 10\robot\"，即我们在 MyEclipse 中创建的 Web 项目 robot 所在目录。完成后单击"保存"按钮，就在 Dreamweaver 中创建了一个名为"robot"的站点。进入"文件"面板，可以看到展开的 robot 站点的内容，如图 5-66所示。可以看出，这里的 robot 站点和我们在 MyEclipse 中创建的 Web 项目 robot 具有完全相同的内容，这是因为两者指向的都是同一个目录。这样，我们在 Dreamweaver 中对网页所做的界面设计可以即时反映到 MyEclipse 中的 robot 项目。

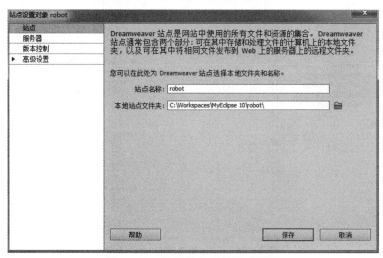

图 5-65 设置站点属性的对话框

图 5-66　展开的 robot 站点的内容

双击 robot 站点下的 welcome.html 文件，在 Dreamweaver 的工作区中显示出该网页的内容，可以在工作区中对打开的 welcome.html 网页进行编辑，如图 5-67 所示，其中较大的那个图标就是动画内容。现在，我们需要为该网页添加一个区域，用户可以在该区域中填写评价内容并提交。为实现整齐的排版，我们先为网页添加一个 1 行 2 列的表格，以便将动画内容和填写区域分别放置在表格的左右两个单元格中。选择"插入"→"表格"菜单命令，在弹出的"表格"对话框中，将"表格宽度"的单位设为"百分比"，数值设为"100"，边框粗细设为"0"，其他保持默认值不变，如图 5-68 所示。单击"确定"按钮，就在工作区中创建了一个 1 行 2 列的表格。因为表格只是起排版作用，所以我们将表格边框设为 0 像素，这样表格只在设计时可见，用户最终浏览的时候是不可见的。现在，将代表动画内容的那个图标剪切粘贴到表格左边的单元格中，并将光标定位于右边的单元格，然后单击"插入"面板中的"表单"选项（图 5-69），就在表格右边的单元格中插入了一个表单（图 5-70），其中的虚线框就代表表单，看起来很小，但它会随着内部内容的增多而动态扩展。单击表单边框，表单被选中，此时属性面板显示出表单属性，如图 5-71 所示。单击"动作"文本框右侧的按钮图标，弹出"选择文件"对话框，在该对话框中进入站点根目录下的 WebRoot 子目录，双击显示出的 index.jsp 文件，如图 5-72 所示。这样，就将表单的动作设置为选中的 index.jsp 文件了。用户在点击表单中的提交按钮后，该表单的内容将会交由 index.jsp 文件进行处理。

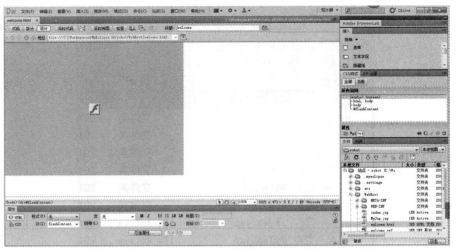

图 5-67 在 Dreamweaver 中打开的 welcome. html 文件

图 5-68 "表格"对话框

图 5-69 "插入"面板

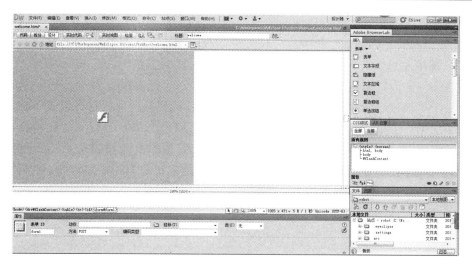

图 5-70　插入表单

图 5-71　表单属性

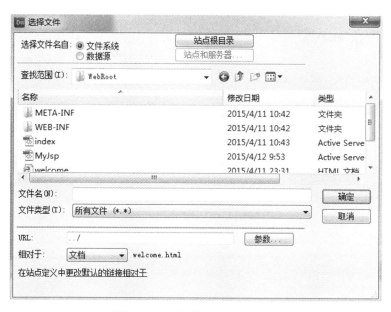

图 5-72　"选择文件"对话框

接下来为表单添加相应的表单元素。在表单中输入"请在这里填写评价内容"作为提示信息。单击"插入"面板中的"单选按钮"选项，弹出如图 5-73 所示的"输入标签辅助功能属性"对话框，在其中的"ID"文本框中输入"1"，"标签"文本框中输入"满意"，单击"确定"按钮，就在表单中添加了一个单选按钮，如图 5-74 所示。选中表单中的单选按钮图标，此时属性面板显示出单选按钮的属性，将其中的"初始状态"设置为"已勾选"，如图 5-75 所示。从属性面板可以看出，插入的单选按钮默认名为"radio"，即最左边的文本框中显示的内容。按照同样的方法，为表单添加第二个单选按钮，在弹出的设置属性对话框中，将 ID 设置为"2"，标签设置为"一般"。选中表单中的第二个单选按钮图标，可以看到如图 5-76 所示的属性，保持这些设置不变。继续为表单添加第三个单选按钮，在弹出的设置属性对话框中，将 ID 设置为"3"，标签设置为"不满意"。选中表单中的第三个单选按钮图标，可以看到如图 5-77 所示的属性，同样保持这些设置不变。注意，这里添加的三个单选按钮都为同样的名称，这样才能保证用户最多只能选中一个单选按钮，并且初始时第一个单选按钮为选中状态。

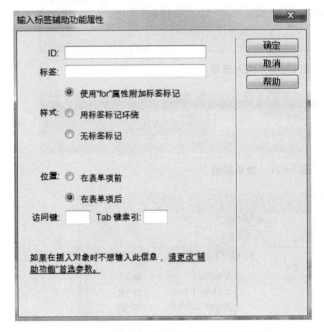

图 5-73　输入标签辅助功能属性对话框

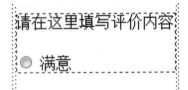

图 5-74　表单中添加的单选按钮

图 5-75　第一个单选按钮的属性

图 5-76　第二个单选按钮的属性

图 5-77　第三个单选按钮的属性

单击"插入"面板中的"复选框"选项，弹出与图 5-73 类似的为复选框设置属性的对话框，在其中的"ID"文本框中输入"checkbox"，"标签"文本框中输入"我有购买该产品的意愿"，单击"确定"按钮，就在表单中添加了一个复选框。选中表单中的复选框图标，属性面板显示出复选框的属性，在其中的"选定值"文本框中输入"1"，并将初始状态设置为"已勾选"，如图 5-78 所示。

图 5-78　复选框的属性

单击"插入"面板中的"文本区域"选项，弹出与图 5-73 类似的设置属性的对话框，在其中的"ID"文本框中输入"textarea"，"标签"文本框中输入"具体意见："，单击"确定"按钮，就在表单中添加了一个文本区域，其在属性面板中的默认值保持不变。单击"插入"面板中的"按钮"选项，在弹出的设置属性对话框中直接单击"确定"按钮，就在表单中添加了一个按钮。从图 5-79 所示的属性面板的默认值可以看出，该按钮就是用于提交表单的。保持默认值不变。

图 5-79　提交按钮的属性

至此，表单及表单元素添加完毕。接下来还需为网页添加一段超链接文本，用户通过点击该文本，可以浏览到其他用户对该产品的评价内容。将光标定位于表格右边单元格中表单的下方，输入文本"查看其他用户的评价内容"，按住鼠标左键不放选中该段文本，在其属性面板中点击"链接"文本框右侧的"浏览文件"按钮，弹出与图 5-72 类似的"选择文件"对话框，在该对话框中进入站点根目录下的 WebRoot 子目录，双击显示出的 MyJsp.jsp 文件，就将该段文本的链接指向了选中的文件。用户在浏览器中点击该段文本时，将由 MyJsp.jsp 文件进行处理和显示。添加了超链接文本的属性面板中的属性设置如图 5-80 所示。

图 5-80　超链接文本的属性

通过以上操作，我们完成了网页 welcome. html 的界面设计。完成界面设计的网页内容如图 5-81 所示。

图 5-81 完成界面设计的 welcome. html 网页

5.5.4 对 JSP 文件编程

这一节主要我们完成对 index. jsp 和 MyJsp. jsp 两个文件的编程，使之实现相应的功能。其中，index. jsp 文件负责接收用户提交的表单内容并存入数据库 evainfo 的 eva 表中，而 MyJsp. jsp 文件则负责提取 eva 表中的所有记录并显示给用户。

进入 MyEclipse 的工作界面，展开 Web 项目 robot，双击子文件夹 WebRoot 下的 index. jsp 文件，在工作区中显示打开的 index. jsp 文件，如图 5-82 所示。文件内容是 MyEclipse 自动添加进去的，是作为一个 JSP 文件必不可少的内容，现在我们在该内容基础上进行完善。首先，将第一行中 pageEncoding 的属性值由原来的"ISO-8859-1"改为"utf-8"，以支持中文处理；然后，在第一行下面添加一行内容"<%@ page import=" java. sql. *"%>"；接着，在"<body>"标签行和文本行"This is my JSP page."之间插入如下程序代码：

```
<%
java. util. Date now =new java. util. Date();
java. text. SimpleDateFormat formatter = new java. text. SimpleDateFormat("yyyy
-MM-dd HH:mm:ss");
Stringstrnow = formatter. format(now);
String driver="com. mysql. jdbc. Driver";
String url ="jdbc:mysql://localhost:3306/evainfo?characterEncoding=UTF-8" ;
String username ="root" ;
String password ="123456" ;
Connection conn=null;
```

```
Statementsta=null;
try{
request. setCharacterEncoding("UTF-8");
String s1=request. getParameter("textarea");
String s2=request. getParameter("radio");
if(s2. equals("1"))
s2="满意";
else if(s2. equals("2"))
s2="一般";
else
s2="不满意";
String s3="是";
if(request. getParameterValues("checkbox")==null)
s3="否";
Class. forName(driver);
conn=DriverManager. getConnection(url,username,password);
sta=conn. createStatement();
Stringsql="insert into eva(datetime,view,degree,purchase)values('"+strnow+"',
'"+s1+"','"+s2+"','"+s3+"')";
sta. executeUpdate(sql);
sta. close();
conn. close();
}
catch(Exception e)
{
e. printStackTrace();
}
%>
```

最后，将文本"This is my JSP page."改为有意义的提示信息"您的评价内容已提交进系统，谢谢您的访问！"，这就完成了对 index. jsp 文件的编程和完善。

由于已假定读者具备 JSP 的基础知识，这里对程序代码不作过多的解释。不能理解代码的读者，可自行参阅有关 JSP 的书籍。

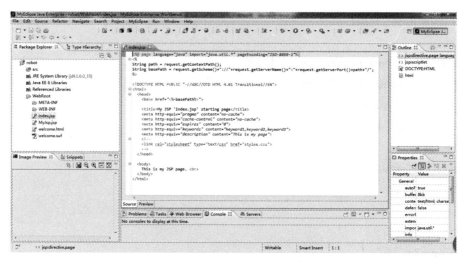

图 5-82　打开的 index. jsp 文件

接下来对 MyJsp. jsp 文件进行编程和完善。双击子文件夹 WebRoot 下的
MyJsp. jsp 文件，在工作区中就会显示该文件的内容，其内容和文件 index. jsp 完全一
样，都是由 MyEclipse 自动添加的。首先，还是将第一行中 pageEncoding 的属性值由
原来的"ISO-8859-1"改为"utf-8"，并在第一行下面添加一行内容"<%@ page
import=" java. sql. * "%>"，然后删除"<body>"和"</body>"标签对之间的
内容"This is my JSP page.
"，在该标签对之间插入如下程序代码，就完成了对
MyJsp. jsp 文件的编程和完善：

```
<%
String driver="com. mysql. jdbc. Driver";
String url ="jdbc:mysql://localhost:3306/evainfo" ;
String username ="root" ;
String password ="123456" ;
Connection conn=null;
Statementsta=null;
ResultSet rs=null;
try{
Class. forName(driver);
conn=DriverManager. getConnection(url,username,password);
sta=conn. createStatement();
Stringsql="select * from eva";
rs=sta. executeQuery(sql);
out. println("各位用户的评价意见<br>");
while(rs. next()){
out. println("第"+rs. getRow()+"位用户的评价意见<br>");
out. println("发表时间:");
```

```
out. println(rs. getString("datetime")+"<br>");
out. println("满意程度:");
out. println(rs. getString("degree")+"<br>");
out. println("是否有购买意愿:");
out. println(rs. getString("purchase")+"<br>");
out. println("具体意见:");
out. println(rs. getString("view")+"<br>");
}
rs. close();
sta. close();
conn. close();
}
catch(Exception e)
{
e. printStackTrace();
}
%>
```

5.6　站点的部署和浏览

通过前面各节的操作，我们创建了一个具有特定功能的 Web 站点 robot，用户通过浏览该站点的 welcome. html 网页，就可以看到玩具机器人的动画产品演示，并且还可以通过该网页的表单发表自己的评价内容，同时也可以查看其他用户的评价信息。

为了让用户能够正确浏览到站点内容，我们需要首先启动 Tomcat 的 Web 服务，并且将 robot 站点部署到 Web 服务器上。进入 MyEclipse 的工作界面，单击工具栏中"Run/Stop/Restart MyEclipse Servers"工具按钮的下三角图标，在弹出的菜单中选择"Tomcat 6. x"→"Start"菜单命令，如图 5−83 所示，就启动了 Tomcat 的 Web 服务。这时，在控制台面板中会显示如图 5−84 所示的内容，表示 Web 服务器已正常启动。接着，单击"Run/Stop/Restart MyEclipse Servers"按钮左侧的"Deploy MyEclipse J2EE Project to Server"工具按钮，弹出如图 5−85 所示的部署项目对话框。在该对话框中，将"Project"列表框中的"robot"选项选中，然后单击"Add"按钮，弹出如图 5−86 所示的选择服务器对话框。在该对话框中，打开"Server"列表框，选中"Tomcat 6. x"选项，然后单击"Finish"按钮回到部署项目对话框。可以看到部署项目对话框中添加了"Tomcat 6. x"选项，并且该选项处于默认选中状态，如图 5−87所示。单击对话框中的"OK"按钮，就实现了将 robot 站点部署到 Tomcat 的 Web 服务器上。

图 5−83　启动 Tomcat 的 Web 服务

```
Problems  Tasks  Web Browser  Console ×  Servers
tomcat6Server [Remote Java Application] C:\Program Files (x86)\Java\jdk1.6.0_10\bin\javaw.exe (2015-4-13 上午11:09:48)
信息: SessionListener: contextInitialized()
2015-4-13 11:09:49 org.apache.catalina.startup.HostConfig deployDirectory
信息: Deploying web application directory robot
2015-4-13 11:09:50 org.apache.catalina.startup.HostConfig deployDirectory
信息: Deploying web application directory ROOT
2015-4-13 11:09:50 org.apache.coyote.http11.Http11AprProtocol start
信息: Starting Coyote HTTP/1.1 on http-8080
2015-4-13 11:09:50 org.apache.coyote.ajp.AjpAprProtocol start
信息: Starting Coyote AJP/1.3 on ajp-8009
2015-4-13 11:09:50 org.apache.catalina.startup.Catalina start
信息: Server startup in 607 ms
```

图 5−84　Web 服务器正常启动的提示信息

```
Project Deployments

Manage Deployments
Deploy and undeploy J2EE projects.

Project  robot

Deployments
  Server    Type    Location          Add
                                       Remove
                                       Redeploy
                                       Browse

Deployment Status

                                       OK
```

图 5−85　部署项目对话框

图 5-86　选择服务器对话框

图 5-87　添加了 "Tomcat 6.x" 选项的部署项目对话框

　　现在，用户就可以通过浏览器正确访问站点内容了。运行浏览器，在浏览器地址栏输入 "http：//127.0.0.1：8080/robot/welcome.html"，就可以看到如图 5-88 所示的页面。页面左侧是玩具机器人产品的动画播放，右侧是填写评价内容的表单区域，在表单的下方还有一个超链接文本，通过它可以查看其他用户的评价内容。在表单区域对单选按钮及复选框进行选择，并在文本框中输入具体评价意见后，单击 "提交" 按钮，浏览器中就会显示如图 5-89 所示的页面，表示表单中的内容已被系统接收并存入数据库了。在 welcome. html 页面中单击超链接文本"查看其他用户的评价内容"，就会在浏览器中显示出所有用户提交的评价内容，如图 5-90 所示。

图 5-88　初始页面

图 5-89　提交评价内容后的页面

图 5-90　查看其他用户提交的评价内容的页面

参考文献

［1］ DS SolidWorks 公司，陈超祥，胡其登．SolidWorks 零件与装配体教程［M］．北京：机械工业出版社，2014.

［2］ 尹小港．Adobe 创意大学 Flash CS5 产品专家认证标准教材［M］．北京：印刷工业出版社，2011.

［3］ 王梅君．Photoshop 建筑效果图后期处理技法精讲［M］．2 版．北京：中国铁道出版社，2014.

［4］ 李春英，高山泉．Adobe 创意大学 Dreamweaver CS5 产品专家认证标准教材［M］．北京：印刷工业出版社，2011.

［5］ 扶松柏．Java Web 编程新手自学手册［M］．北京：机械工业出版社，2012.

［6］ 杨少波．J2EE Web 核心技术——Web 组件与框架开发技术［M］．北京：清华大学出版社，2011.